JN296349

戦争詐欺師

THE WAR SWINDLER

菅原出

講談社

戦争詐欺師

戦争詐欺師　目次

カバーデザイン・渡邊民人（ＴＹＰＥＦＡＣＥ）
本文デザイン・小林祐司（ＴＹＰＥＦＡＣＥ）
見返しの地図作製・フレア

本書に登場する主な人物

ジョージ・W・ブッシュ(第43代米国大統領)
911同時多発テロをうけ、アフガン戦争、イラク戦争の開戦を決めた最高司令官

コリン・パウエル(国務長官)
ベトナム戦争、湾岸戦争を戦った国民的英雄。イラク戦争には反対。イラク攻撃をめぐりネオコン勢力との暗闘を繰り広げた

リチャード・アーミテージ(国務副長官)
アジア通、知日派の国務副長官。パウエル長官とともにイラク戦争に反対した

ディック・チェイニー(副大統領)
湾岸戦争時には国防長官として戦争を主導した。世界最大の石油掘削機販売会社ハリバートン社のCEOを務めたこともある

ドナルド・ラムズフェルド(国防長官)
ブッシュ政権で最も強硬にイラク開戦を主張した一人。06年の中間選挙で共和党が大敗したことを受け国防長官を辞任

ポール・ウォルフォウィッツ(国防副長官)
リアル・ネオコンと呼ばれる男。ブッシュ政権発足当初、CIA長官就任が画策されたが女性問題で頓挫した

ジョージ・テネット(CIA長官)
第18代アメリカ中央情報局長官。イラクの大量破壊兵器に関する情報をブッシュ政権に報告。04年7月に「個人的な理由」で長官辞任

アフマド・チャラビ
亡命イラク人組織「イラク国民会議」指導者。「アメリカを戦争に引き込んだ男」と呼ばれている

バラク・オバマ(第44代米国大統領)
イラク戦争開戦時は上院議員。議会の開戦決議には反対票を投じた。イラクからの米軍撤退をどう進めるか手腕が問われる

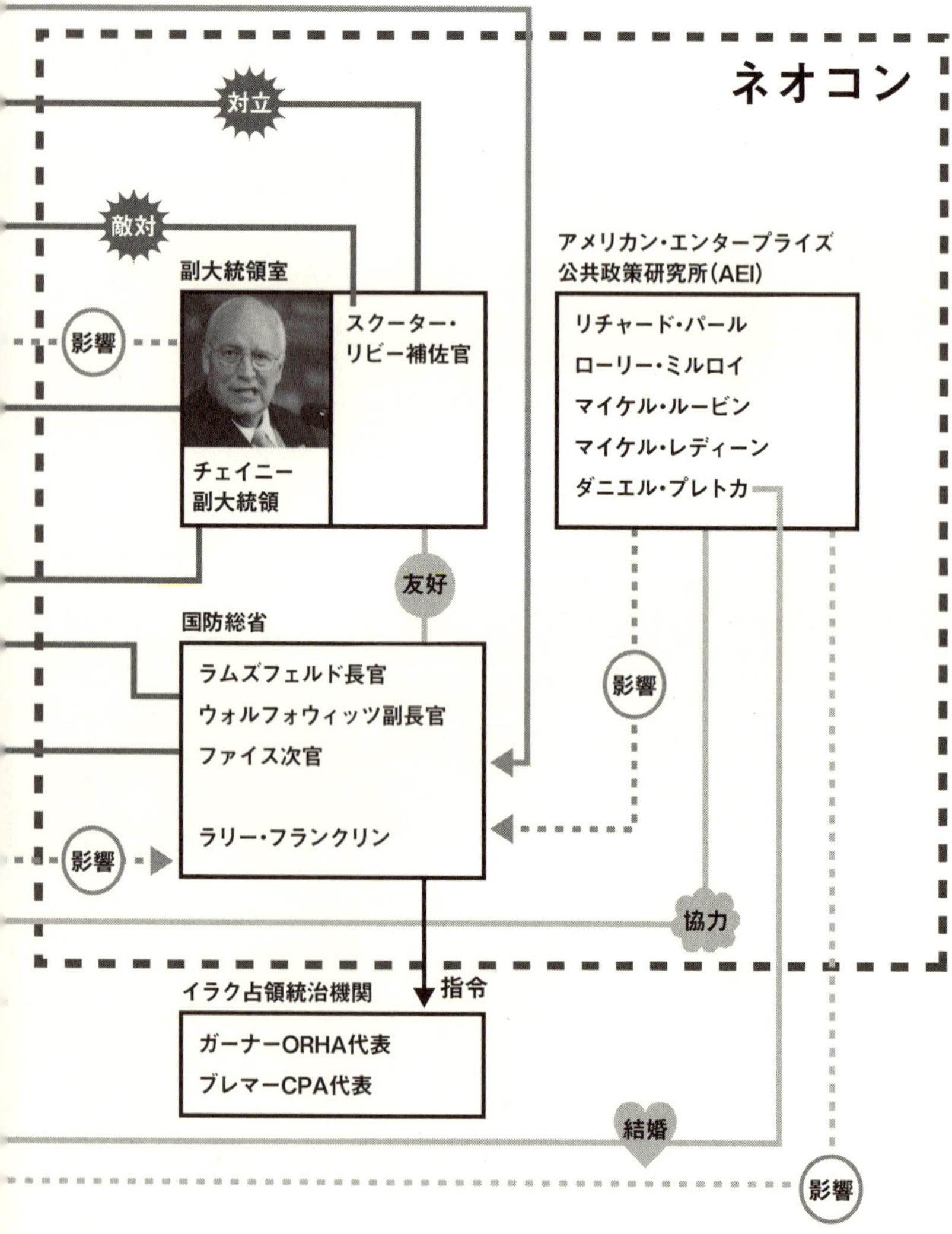
ネオコン
対立
敵対
副大統領室
影響
スクーター・
リビー補佐官
チェイニー
副大統領
友好
国防総省
ラムズフェルド長官
ウォルフォウィッツ副長官
ファイス次官
ラリー・フランクリン
影響
アメリカン・エンタープライズ
公共政策研究所(AEI)
リチャード・パール
ローリー・ミルロイ
マイケル・ルービン
マイケル・レディーン
ダニエル・プレトカ
影響
協力
指令
イラク占領統治機関
ガーナーORHA代表
ブレマーCPA代表
結婚
影響

国務省・CIA vs. ネオコン相関図

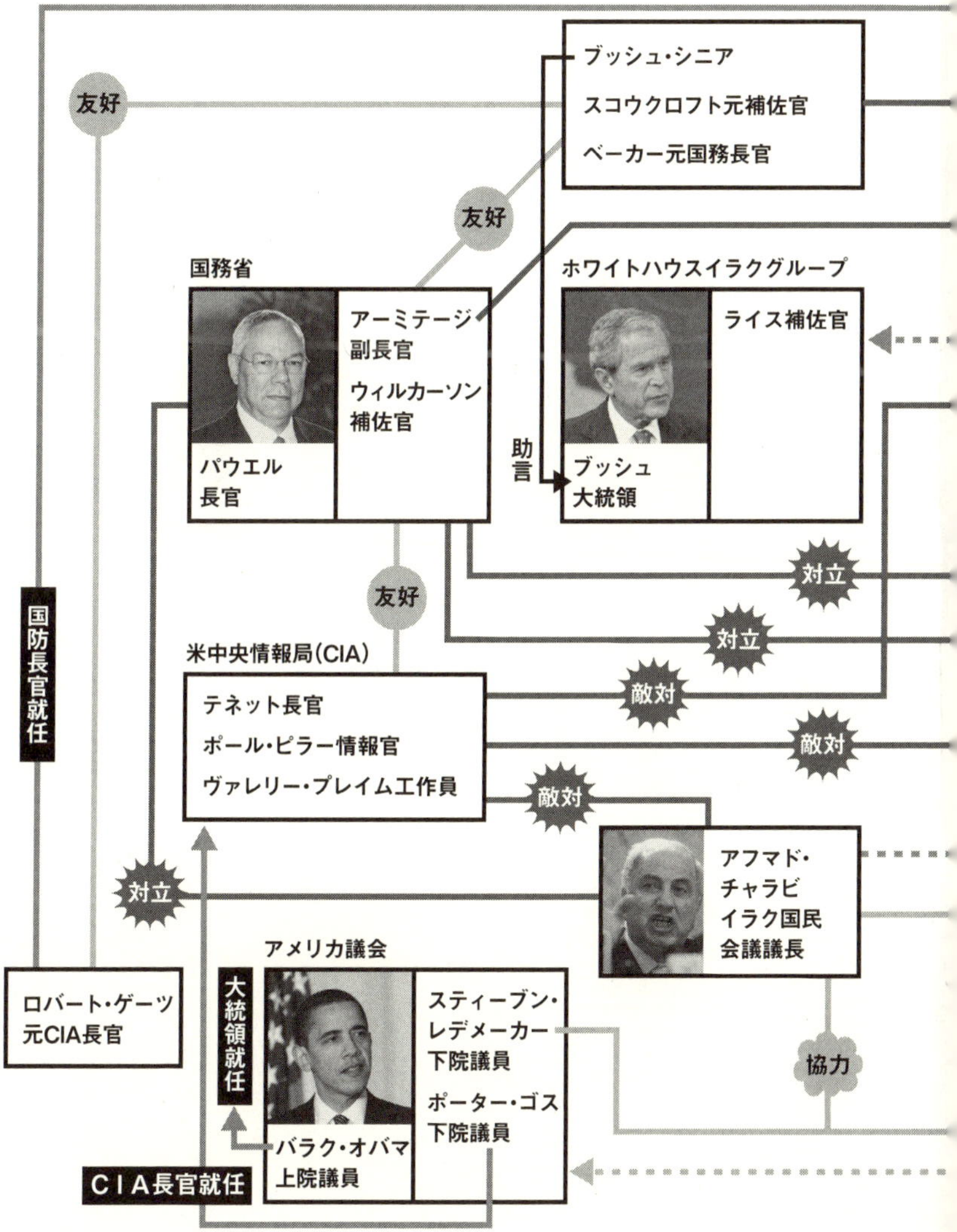

プロローグ
「真実」を語り始めた当事者たち

二〇〇三年三月に、ジョージ・W・ブッシュ米大統領がイラクとの戦争を決断し、アメリカという国家がサダム・フセインという一主権国家の元首を政権の座から追い落とし、人口約二千五百万人のイスラム教徒の国を占領したという事実は、世界史的に見ても極めて大きな出来事である。

また緒戦の通常戦闘での圧倒的な優勢にもかかわらず、その後の安定化プロセスに失敗し、反米ゲリラ戦の泥沼に苦しめられるようになったこのイラク戦争は、戦史という観点からも、第二次世界大戦やベトナム戦争に匹敵するほど多くのテーマを内包している。さらに、この戦争を契機にアメリカという超大国が国際政治における影響力を著しく落とし、国際政治の秩序に大きな地殻変動を引き起こしたという点から考えても、このイラク戦争は世界史的なインパクトを持つ大事件だったと言って間違いないだろう。

それにもかかわらず、日本ではこの戦争の歴史的な意義や深い政治的背景に関する解説を目にすることは少なく、「そもそも何でアメリカはイラクを攻撃し、何で度重なる失敗をしてあれほどの泥沼に陥ってしまったのか」という問いに対する明確な答えも見えてこない。自衛隊という、国際的に見れば「軍隊」を派遣した有志連合の一国であるにもかかわらず、あの戦争を総括することなく今日に至っている。

アメリカではすでに、ブッシュ政権内部の中枢にいてこのイラク戦争や戦後政策の決定に直接関与した当事者たちが、次々に回顧録や論文を執筆し、政策決定の内幕が明らかにされている。ジョージ・テネットCIA長官、ポール・オニール財務長官、ダグラス・ファイス国防次官、ポール・ブレマー三世・イラク連合国暫定当局（CPA）代表やトミー・フランクス中央軍司令官などの高官から、タイラー・ドラムヘラーCIA欧州工作部長、マイケル・ショワーCIA対テロ分析局アルカイダ担当部長などの実務者にいたるまで、多くの当事者たちがそれぞれの「真実」を語り始めている。イラク戦争の開始からわずか六年しか経っていないこの時点で、これだけ多くの政策当局者たちが直接、間接的に政策決定の舞台裏を明らかにした「戦争」も珍しいのではないか。それほどアメリカでは、すでに数多くの政策担当者たちの生の声が活字になっている。

またボブ・ウッドワード、ロン・サスキンド、セイモア・ハーシュ、ジェームズ・マン、クレイグ・アンガー、トーマス・リックス、ボブ・ドローギン、マイケル・ゴードン、スティーブ・コル、マイケル・イシコフやデヴィッド・コーン等の第一線のジャーナリストたちも、イラク戦争に関する優れたドキュメントを多数発表している。

しかも現代はインターネットでも膨大な情報を収集できるだけでなく、ブッシュ政権を去った元政府高官たちにも直接Eメールで取材の申し込みをすることが可能になった。こうして私も直接複数の当事者たちに話を聞くことができた。リチャード・アーミテージ元国務副長官、ローレンス・ウィルカーソン元国務長官首席補佐官、ポール・ピラー元国家情報官、アンソニー・ジニ元中央軍司令官、デヴィッド・ワームザー元副大統領室中東部長などは、政治的に微妙な内容であるにもかかわらず、快く私の取材に応じてくれた。また名前を明かすことはできないものの、国務省、国防総省、ＣＩＡや副大統領室で実務に直接たずさわった現役またはＯＢたちの話を聞くこともできた。

こうした関係者の回顧録や先行研究を丹念に読み、インタビューなどを通じてイラク戦争や戦後政策をめぐるブッシュ政権内部の政策決定過程を丁寧に追い、数多くの重要な政策決定が、誰のどのような思惑で下されていったのかを一つ一つ検証していった。すると、そうした政策決定の舞台裏で凄まじい政策闘争が展開されていたという事実に突き当たる。

よく日本のメディアでは、〝ブッシュ政権内には、パウエル国務長官やアーミテージ国務副長官等の《穏健派》とチェイニー副大統領やラムズフェルド国防長官等の《強硬派》の対立が存在した〟という解説がされてきたが、「穏健派と強硬派の対立」という言葉からイメージされる程度の「対立」という認識では、この政策闘争の本質は理解できない。

私の友人で政権内部の様子に詳しいある米議会スタッフは、「路線対立なんてどの政権でも存在するが、このブッシュ政権内の対立はその比ではない。『血なまぐさい内部抗争』といった方がいい」と述べていた。

イラク侵攻作戦を指揮したトミー・フランクス元米中央軍司令官が、ダグラス・ファイス元国防次官を「地球上で最低のくず」(「the dumbest fucking guy on the planet.」)と自伝の中でののしった話は有名だが、テネット元長官をはじめとするCIAの上層部は、ネオコン派の言論人たちからは「破壊工作員」とののしられ、ブッシュ大統領の戦略を破壊した工作者だと非難されている。

アーミテージの証言

ワシントンDCは陰謀の渦巻く街である。世界百数十ヵ国の大使館が置かれ、無数の法律事務所、ロビイング会社、シンクタンク、亡命者組織のオフィス等が軒を並べる世界最大の政治都市。そこでは世界各国の外交官や諜報員だけでなく、政府機関や多国籍企業のエージェントやロビイストたちが精力的に活動し、次期政権入りを目指すシンクタンクの研究員たちが政策研究に明け暮れる。さまざまな情報・偽情報が発信され、アイデアやヴィジョン、そして政策についての議論が日々戦わされている。

誰もが自らのヴィジョンと政策の実現のために手を尽くし、志や利益を共有する者と同盟を組み、その行く手を阻む者を容赦なく蹴落とす。ワシントンDCは、「政策闘争」という「血なまぐさい抗争」が日常的に繰り広げられる「戦場」であると言っても過言ではない。

二〇〇六年六月二十四日、私は「血なまぐさい内部抗争」の当事者の一人であるリチャード・アーミテージ元国務副長官に単独インタビューをする機会を得た。アーミテージは政権を離れた後、ワシントンのベッドタウンとして知られるヴァージニア州アーリントンのクラレンドンでコンサルティング会社「アーミテージ・インターナショナル」を営んでいる。

坊主頭と分厚い胸板で日本でもお馴染みのアーミテージ。テレビでよく目にするあのままの姿が目の前に現れた。予想していたよりも少し背は低かった。「初めまして」。思わず握手する手に力が入った。

「チェイニー副大統領とラムズフェルド国防長官の二人がブッシュ政権の癌だという人がいますが……」、私は少し遠まわしに聞いてみた。アーミテージがどこまで率直に「内部抗争」について答えるか分からなかったからである。

アーミテージは大きく頷いて、「私も同意するね、この街にはそう思っている人がたくさんいるよ」と明確に答えた。「この二人は、他のネオコンたちもそうなのだが実戦というものを経験したことがない。この政権で実戦経験があったのはパウエル長官と私だけだ。この違いは決定的に大きいよ。戦争を知らない連中が戦争を指導したからこういうことになったのだ」

パウエルとアーミテージの二人だけがブッシュ政権内でベトナム戦争を経験していた。しかも二人はベトナムのジャングルで実際の戦闘を経験し、遠いワシントンで作られる政策と本当に現場で必要なニーズとのギャップに苦しんだ体験を持っている。ラムズフェルドは短い期間海軍に所属したことがある。またフォード政権では国防長官をつとめ、チェイニーも湾岸戦争では国防長官だったが、二人とも実際の戦闘の現場を経験したことはない。アーミテージはチェイニーとラムズフェルドを「ブッシュ政権の癌」であると決めつけ、「戦争を知らない」好戦派たちの愚策を痛烈に批判した。

「もしブッシュ大統領が、パウエル長官やあなたの助言を聞いていたとしたら、どうなったでしょうか」

「イラク戦争はなかっただろうね。少なくともあのタイミングで戦争をすることはなかっただろう。われわれはフセイン政権を打倒するということ自体に反対だったわけではないが、あのタイミングで戦争を行うことには反対で、避けるように努めていた。一つ目の理由はアルカイダやタリバンを弱体化させアフガニスタンを安定させることを優先すべきだと思っていたこと。二番目はイラク戦争をやればせっかくアフガンで作った国際的な連合が崩れてしまうと考えたこと。そして三番目はあの戦争計画ではあまりに兵力が少なすぎたことだった。パウエル長官も私も戦後のことを考えればより多くの兵力が必要だと思っていた」

パウエル・アーミテージの戦争経験コンビは、本音ではイラク戦争に反対で、何とか戦争を避けようと努めていた。もし彼らの意見が通っていたとすれば、その後の世界はまったく異なったものになっていただろう。もしかしたらオバマは大統領になっていなかったかもしれない。しかし彼らの意見がブッシュ大統領に取り入れられることはなかった。敵対勢力があらゆる手段を講じてパウエル・アーミテージの意見を潰していったからである。彼らは結局のところ政策闘争という戦いに敗れたのであった。

「ブッシュ政権はあらゆる問題に関して二つに分かれて対立していた。一つのグループは国防総省の指導部と副大統領室。ここに多くのネオコンたちがいる。もう一つのグループは国務省とC

IA、そして軍の制服組もわれわれと考えが近かった。この対立はあくまで政策の違いによるものだったのだが、結果的には非常に感情的で個人的な対立にまで発展してしまった。例えば私とウォルフォウィッツ国防副長官の関係だ。二十年来、友人として付き合いがあったが、この戦争を通じて個人的な関係まで破綻した」

アーミテージは驚くほど率直にブッシュ政権内の対立の構図と、その深度について語ってくれた。個人的な関係が破綻するほど激しい内部抗争が、イラク戦争をめぐる数々の政策決定の過程で展開されていたのである。

熾烈な情報戦争

二〇〇一年九月十一日にアルカイダのテロ攻撃を受けたアメリカで、「この未曾有の危機に対してどのように対応すべきか」の処方箋を持っていたグループが二つ存在した。一つは米中央情報局（CIA）であり、もう一つは俗に「ネオコン」と呼ばれる超タカ派の国防エリートたちであった。CIAは国務省と同盟を組んだ。一方、国防総省とチェイニー副大統領室がネオコン人脈を通じてガッチリとスクラムを組んでこれに対抗した。

この二つのグループは単にありがちな省庁間の権益争いや縄張り争いで対立していただけでなく、その戦略観や脅威認識の違いから歴史的に対外政策をめぐって対立してきたいわば積年のライバルでもあった。911テロ以降、ブッシュ政権内部では、この二つのグループが対テロ戦争の方向性をめぐって張り合い、足を引っ張り合い、そして潰し合いを演じ、政敵に対する激しい憎悪と消しがたい深い不信感を膨張させた。

ホワイトハウスでの影響力をめぐるこの両者の闘争において、主要な「武器」として使われたのが「情報」（インテリジェンス）であった。自分たちの推奨する政策を正当化し、国民世論を味方につけ、相手陣営の推す政策を潰すために、情報活動を歪め、偽情報を流し、リークによるスキャンダルで敵の動きを封じていく。情報を駆使して敵を陥れ、国民を欺き、国を戦争へと導くのだ。そしてその戦争を自らの利益に結びつける連中は、まさに「戦争詐欺師」の呼び名に相応しい。こうした詐欺師たちの暗躍で、ブッシュ政権の政策決定過程は、上層部でも現場レベルでも混乱の極みに達した。

本書は、ブッシュ政権の政策決定の舞台裏で戦われたこの熾烈な情報戦争の物語である。この過程で歪められた情報をもとにイラク戦争が開始され、戦後の占領統治、戦後復興行政や対反乱作戦がなされ、イラクを、そして中東全体を混乱の極みへと陥れていった。その様子を克明に再現するのが本書の狙いである。

ワシントンの政策決定のプロセスは、政策立案者、インテリジェンス・オフィサー、ロビイスト、ジャーナリスト、シンクタンクの研究者、政治亡命者などさまざまなアクターたちの野望、理想、嫉妬、遺恨、そしてあらゆる種類の欲望が織り成す壮大な人間ドラマでもある。

第1章

アフガン戦争とCIA

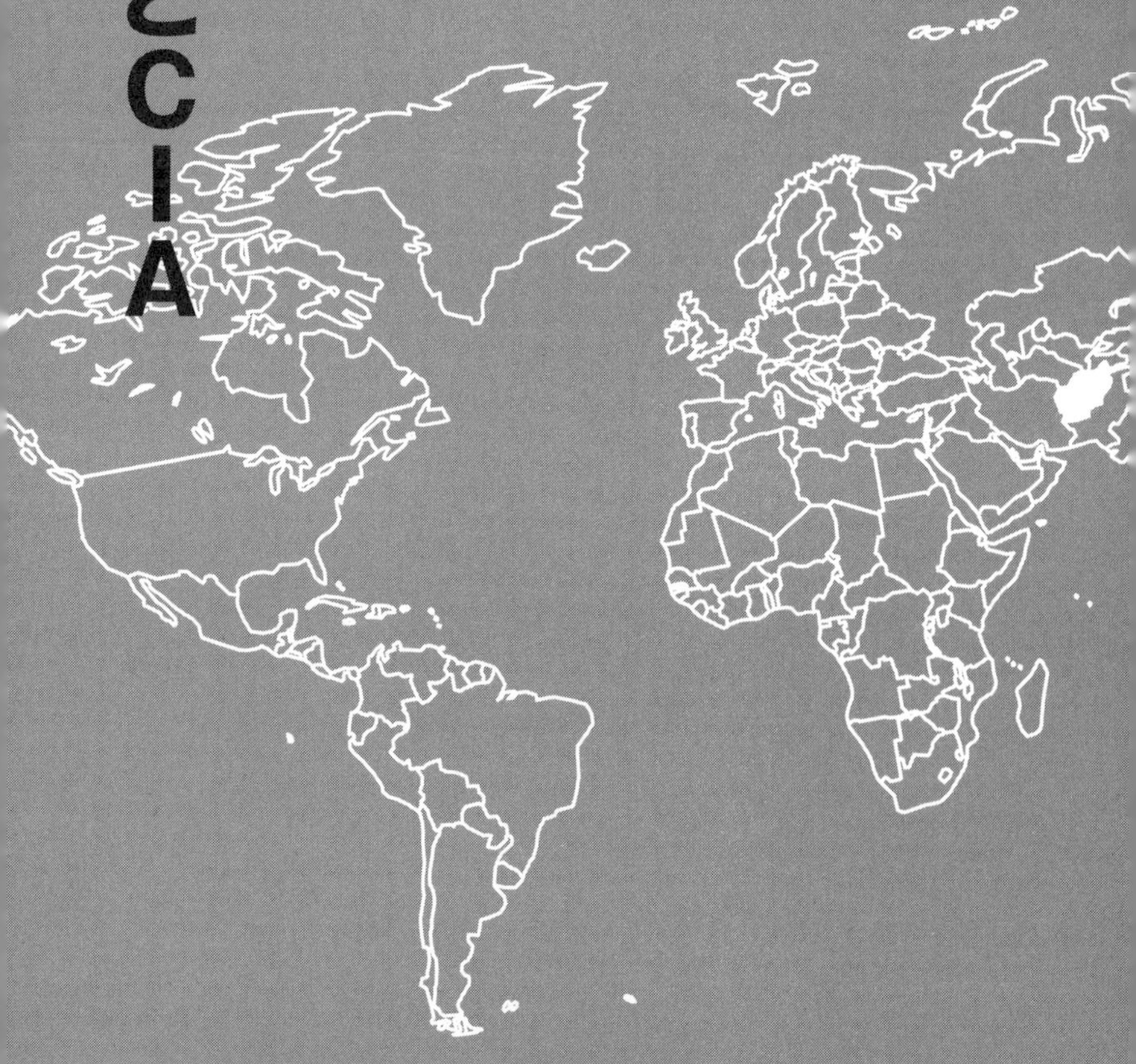

国民的英雄コリン・パウエル

政権の外交政策の方向性は通常その人事に表れる。人事の配置を見れば大統領がどのような外交ヴィジョンをどのような手法で実現しようとしているのか、その方向性が見えると言われている。オバマ政権の人事や外交ヴィジョンについては、第九章で詳述する。

二〇〇〇年秋の大統領選挙を辛勝したブッシュ・チェイニー陣営が、最初に指名した閣僚はコリン・パウエルであった。史上稀に見る大接戦の末、異例の最高裁判決を受けて次期大統領に選ばれたジョージ・W・ブッシュは、その四日後の二〇〇〇年十二月十六日に、元統合参謀本部議長で国民的英雄のコリン・パウエルを国務長官に選んだことを発表した。

全米の得票数では対戦相手のアルバート・ゴア民主党候補に三十万票以上負けており、大統領としての正当性に疑問符をつけられかねないブッシュ次期大統領としては、人気者のパウエルを国務長官に指名し、政権作りに着手し始めたことをアピールすることで、「選挙結果をめぐるごたごたはいまや過去の出来事である」ことを印象づけようと狙ったのである。

ブッシュ陣営はパウエルを交えてテキサス州クロフォードにあるブッシュの牧場で記者会見を開いた。アメリカ公共放送サービス（ＰＢＳ）の人気ドキュメンタリー番組「フロントライン」で、そのときの映像をみたことがある。ブッシュの後に演壇に立ったパウエルは、次期大統領の倍も長く話し、記者団の質問もほとんどがパウエルに集中した。元将軍は次期大統領よりもはるかに堂々としており、自信に満ち溢れていた。

面白いことにこのドキュメンタリーは、パウエルが話している間中、演壇の隅で無表情にパウエルを見つめるチェイニーにカメラのフォーカスを当てていた。その冷たいチェイニーの視線は、彼が何を考え、これから何をしようとしているのかを強く示唆していて興味深かった。記者会見の「主役」の座を奪われて内心苛立つブッシュとチェイニー。その場の気まずい雰囲気を敏感に感じ取ったアーミテージは、友人であるパウエルに対して「大統領と一緒に公衆の場に出るときは目立ちすぎないように気をつけなくちゃいけませんよ」と忠告したことが、ジャーナリスト、クレイグ・アンガーの『ブッシュ家の衰退』に記されている。

このように感じたのはアーミテージ一人ではなかった。会見翌日の『ニューヨーク・タイムズ』紙でコラムニストのトマス・フリードマンは、「外交政策に関するあらゆる質問を次期大統領はパウエルに答えさせていた。パウエルはあまりに高く次期大統領の上にそびえ立っており、ブッシュ氏がいかなる問題であろうとパウエル氏を抑えたり彼の発言を封じたりすることを想像するのは極めて困難だ」とまで書いていた。

このパウエルの圧倒的な存在感を受けて、この後ブッシュ政権の人事で中心的な役割を果たすチェイニー副大統領は、国防長官を選ぶ際に「いかにして外交政策に対するコリン・パウエルの影響を抑えるか」を中心に考えるようになる。

パウエルはアメリカ陸軍の正統な考え方の持ち主である。現代のアメリカ陸軍の考え方はベトナム戦争の教訓を色濃く反映しており、軍事力の行使には非常に消極的である。とりわけベトナム戦争への反省から、「軍事力の行使には明確な政治目標があること、国民の広い支持があること、そして何よりも圧倒的な兵力を投入すること」を原則としていた。当然「戦争は最後の最後の手段（ラスト・リゾート）」でなくてはならない。この原則は「パウエル・ドクトリン」として国防総省で公式化されていた。

日本人はとかく戦前の日本の軍国主義を想像して「軍は好戦的だ」と考えがちだが、実際に米軍とりわけ陸軍は、通常われわれが考えるよりはるかに軍事力の行使に消極的である。そしてその米陸軍の中でもパウエルは「慎重派」のシンボルであり、それゆえチェイニーを中心とする「より軍事力を積極的に行使したい」勢力からは、「臆病者」と見られていた。

チェイニーが最初からパウエルを「要注意人物」とみなしたのはこのためであった。後に激化するブッシュ政権内部の抗争は、すでにこの最初の人事のときに始まっていたのである。

パウエルの存在はブッシュ政権にとっては人気取りの観点から不可欠だったが、彼の外交政策に対する影響力は徹底的に削がなくてはならない。そのためにチェイニーが引っ張ってきたのが、かつての師匠であるドナルド・ラムズフェルドだった。

チェイニーとラムズフェルドの関係は非常にユニークだ。この二人の三十年以上にわたる師弟関係は、アメリカのジャーナリスト、ジェームズ・マンの名著『ウルカヌスの群像　ブッシュ政権とイラク戦争』に詳しい。同著はこの他パウエル、アーミテージ、ウォルフォウィッツとコンドリーザ・ライスというブッシュ政権の外交政策に影響を与えた主要メンバーたちの半生を描いており、この個性的なメンバーたちの思想や行動原理の背景を詳細に綴った見事なノンフィクシヨンである。

マンによれば、チェイニーとラムズフェルドが最初に仕事をしたのは一九六九年のことで、当時、経済機会局（OEO）の局長に任命されたラムズフェルドが特別補佐官としてディック・チェイニーを雇ったのがその始まりだったという。「こうしてラムズフェルドとチェイニーとの長い師弟関係が始まった。ニクソン、フォード政権でのその後の七年間のほとんどの年月を、チェイニーはワシントンでラムズフェルドの右腕として仕えた」とマンは書いている。

ラムズフェルドは一九三二年にシカゴで不動産業を営む中流家庭に生まれた。高校時代そしてプリンストン大学時代の彼の主な情熱はレスリングに向けられており、大学ではキャプテンもつとめる猛者だった。ラムズフェルドの闘争心、敵を倒すためのアプローチや戦術は、この学生時代のレスリングを通じて培われたともいわれている。

大学を出たラムズフェルドは海軍に入隊し、三年間を海軍の航空学校の教官などをして過ごした後、米議会の議員スタッフとしてワシントンの政治の世界に入った。そこで三年間の議員スタッフの仕事を通じて米議会がどう動くのかを実地に学んだラムズフェルドは、一九六二年にイリノイ州から下院議員として立候補して当選。下院では「科学および宇宙航行学委員会」に所属して最先端科学技術に対する関心とその重要性に対する認識を深めた。

ラムズフェルドは一九六九年に議員を辞職し、翌年ニクソン政権の経済機会局（OEO）の局長に任命され、このときにチェイニーを雇った。経済機会局とはリンドン・ジョンソンが大統領のときに「貧困撲滅」を掲げて創設した貧困対策プログラムを実施する機関である。当時三十七歳のラムズフェルドと、まだ大学を出て議員のスタッフの仕事を始めたばかりの青年だった二十八歳のチェイニーが、貧困撲滅のために情熱を燃やしたのかと思うと何だかほほえましい。

いずれにしてもOEO局長として優れた業績を上げたラムズフェルドは、この後一九七〇年にニクソン大統領の顧問という地位を与えられ、すぐにチェイニーを副顧問に指名した。続いてNATO大使に任命されて一時期ワシントンを離れ、ニクソン大統領の辞任につながるウォーターゲート事件のごたごたを逃れる幸運に恵まれた。続くフォード政権では大統領首席補佐官の要職に指名された。ラムズフェルドはすぐにチェイニーを副補佐官に起用している。

このときラムズフェルドは、誰を、いつ、どれくらい大統領に会わせるかを管理することで絶大なる権力を振るった。ホワイトハウスをどう動かせばいいのか、大統領をどのようにコントロールすればいいのか、ラムズフェルドとチェイニーはこのときすでに「ホワイトハウスの操り方」をマスターしていたと言えるだろう。この後ラムズフェルドはフォード政権で国防長官に就任し、チェイニーは大統領首席補佐官を担当するようになるが、この二人は意見の強い相違をみることなく、折に触れて連携し、協力し合っていった。

チェイニーはこのように気心の知れているかつての師匠で、「政府内の権力闘争や主義・主張のぶつかり合いでは一度も負けたことがない」と評されたラムズフェルドを国防長官職に就けたのだった。その目的が、強力なライバルであるパウエル国務長官にぶつけるためだったことは言うまでもない。

CIA長官候補の不倫問題

ホワイトハウス、国防総省、そして議会を知り尽くしたチェイニーとラムズフェルドは、ワシントンのパワーゲームを裏の裏まで知っている達人である。この二人がゲームを支配的に進める上でのキーと考えていたのが、CIA長官のポストだった。

CIAは外交・安全保障政策の立案に不可欠な情報を収集・分析するのがその主たる役割である。「CIA」と聞くと日本ではいまだに凄腕の秘密工作員が暗殺や謀略を行っているところと勘違いしている人も多いと思う。同様に「インテリジェンス」という言葉もしっかりと定義されることなく多用されているようである。「インテリジェンス」とは、本来は「政府の組織によって分析・評価され、政策や戦略の指針となるように加工された情報」のことである。要するに専門家が評価・分析をして政策立案者が使えるような形に加工した「情報」のことを「インテリジェンス」と呼んでいるのである。

アメリカにはこのインテリジェンス活動を行っている政府機関が十六もあり、「インテリジェンス・コミュニティ」を形成しているが、CIAはそのまとめ役としてコミュニティでもっとも影響力のあるボス的存在である。CIAは国防総省や国務省とは違い政策立案は行わず、独立した機関として、大統領に客観的なインテリジェンスを提供することがその本来の役割である。一九四七年に時のトルーマン大統領は、「独立した機関がホワイトハウスに対して国際問題に関する客観的な情報を提供することを求めて」、CIAを設立したと記録されている。CIA長官は大統領に直接会って情報報告を行うことで、大統領の政策決定に大きな影響を与え得る立場を維持してきた。

外交・安全保障政策の決定を下すのはもちろん合衆国大統領である。その政策決定に不可欠のインテリジェンスを提供するのがCIA、そして戦争を含む安全保障政策を実施するのが国防総省である。たとえ国務省がパウエルの指揮下にあったとしても、ホワイトハウスと国防総省そしてCIAを押さえれば、国務省を孤立させ、外交・安全保障政策の方向性を決めることができる。

チェイニーが当初CIA長官の職に最適と考えていたのが、ポール・ウォルフォウィッツであった。ウォルフォウィッツはブッシュの父親が大統領だった九〇年代初頭に、当時のチェイニー国防長官の下で政策担当国防次官をつとめたことがある。九一年に起きた湾岸戦争では、チェイニーが国防長官、パウエルが統合参謀本部議長をつとめていたが、この二人は戦争計画やその遂行をめぐってことごとく対立し、そのつどウォルフォウィッツはチェイニーを強く支持してチェイニーの信頼を得ていた。

この戦争後、チェイニーはウォルフォウィッツに冷戦後のアメリカの軍事戦略の指針となる新戦略の立案を命じた。ソ連という冷戦時代の敵を喪失し、唯一の超大国となったアメリカが、どのような軍事戦略をとるべきなのかを研究し、新たなヴィジョンを打ち出すようにと命じたのである。

このときウォルフォウィッツを中心とするチームは、「アメリカをさらに軍事的に強化し、ライバルを目指す国が現れないほど圧倒的なものにする」、そうすることで「いかなる敵対勢力にも国益上の重要地域を支配させない」という構想を打ち出した。つまり「新たなライバルの出現を許さない。圧倒的な軍事的優位を維持し、アメリカと対抗しようという意思を持たせない」という理論を考え出し、ソ連という敵がいなくなった後でも強大な軍事力を維持し続けるための理論的根拠を見出したのである。

またアメリカの力に対抗しようとする勢力の台頭を阻止するために積極的に軍事力を行使すべきであるという、後の「先制攻撃理論」の先駆けとなるコンセプトが考え出されたのもこのときである。

「核兵器、化学兵器あるいは生物兵器による差し迫った攻撃には、先手を打って阻止する」——このウォルフォウィッツのチームが考え出したコンセプトは、後にブッシュ政権下でさらに発展し、「ブッシュ・ドクトリン」となる。

チェイニーはこの新しい軍事戦略の指針をたいそう気に入り、戦略家としてのウォルフォウィッツの才覚を高く評価したと言われている。チェイニーはかつての部下であるウォルフォウィッツをＣＩＡ長官に据えることで、アメリカの国家安全保障機構を完全に影響下に置こうと考えたのである。

チェイニーの「ウォルフォウィッツＣＩＡ長官構想」にはしかし、一つ大きな問題があった。ウォルフォウィッツはこのときすでにジョンズ・ホプキンス大学の高等国際問題研究所（ＳＡＩ

S）の学長を七年間つとめていたが、彼は同研究所の女性職員と不倫関係にあることが英国紙でスクープされ、結婚生活も大学でのキャリアも台無しになるのではないかと噂されていたのである。

しかもウォルフォウィッツの女性問題はこれに止まらなかった。後に「女性スキャンダル」として浮上し、ウォルフォウィッツを世界銀行総裁の座から失脚させるきっかけとなるシャハ・アリ・リザというアラブ人女性との不倫関係は、実はすでにこのときマスコミに報じられていた。シャハ・アリ・リザはリビア生まれでサウジアラビア育ち、ロンドン・スクール・オブ・エコノミクスとオックスフォード大学を卒業した輝かしい学歴を誇っていた。英国紙『サンデー・タイムズ』は当時、この優秀なアラブ人女性とウォルフォウィッツの関係を詳細に報じていた。彼女は九〇年代はじめにはイラクのサダム・フセインの転覆を支援するグループ「自由イラク財団」に所属し、全米民主主義基金（NED）で働いたこともあった。この基金は冷戦後の東欧や旧ユーゴスラビアの「民主化支援」で重要な役割を果たしたことで知られる団体である。

シャハは「中東に民主主義を広めたい」というウォルフォウィッツの考えに共鳴し、「サダム・フセインの圧制をやめさせたい」というウォルフォウィッツの考えを強力に支持していたと言われている。ジャーナリストのクレイグ・アンガーは、「ユダヤ人であるウォルフォウィッツと世俗化されたイスラム女性であるシャハ・アリ・リザの恋愛は、ネオコンたちが夢見る中東再編の象徴的出来事である」として以下のように書いている。

「シャハはネオコンが考える近代的なアラブの政治システムの将来像を具現化する存在だ」。彼女はつまりウォルフォウィッツが望んだイラク民主化の未来像を個人的に体現する存在と見られていたのである。

ウォルフォウィッツとシャハの関係はワシントンの一部ではよく知られていた話であり、もちろんＣＩＡをはじめ各国の情報機関もこの情報をファイルに納めていたはずである。ウォルフォウィッツのように外国人と不倫関係にある者がＣＩＡで職を得ることは本来あり得ない。まして長官にするなどもってのほかである。外国からの強請（ゆすり）や恐喝の対象になり国家機密を漏洩する原因になりかねないからである。おまけにウォルフォウィッツの妻クレア・ウォルフォウィッツが夫の不倫に激怒し、夫とＳＡＩＳの職員やシャハ・アリ・リザとの関係を詳細に綴った手紙をブッシュ大統領に直接送ったとも噂されている。

いずれにしても、チェイニーが望んだ「ウォルフォウィッツＣＩＡ長官」構想は、ウォルフォウィッツが「身体検査」に引っかかったことで頓挫したのであった。

ブッシュ・シニアの影響力

ブッシュ政権のＣＩＡ長官人事がウォルフォウィッツの不倫問題をめぐって揉めている中、ＣＩＡ長官人事に介入したのは、ブッシュ大統領の父で第四十一代の大統領をつとめたジョージ・Ｈ・Ｗ・ブッシュ（ブッシュ・シニア）だった。

ブッシュ・シニアは歴代大統領の中で唯一ＣＩＡ長官をつとめた経験を持ち、情報の世界を知り尽くした人物である。実際インテリジェンス・コミュニティ、特にCIA内部でブッシュ・シニアは絶大なる人気を誇っている。

ジョージ・テネット元CIA長官は、回想録『嵐の真ん中で』の中で、ブッシュ・シニアとバーバラ夫人が一九九九年四月にCIA本部を訪問したときの様子について以下のように記している。

「エージェンシー（関係者はCIAのことをこのように呼ぶ）を訪問している間中、彼（ブッシュ・シニア）と彼の夫人はロックスターのような歓迎を受けた。二人は局員たちと握手をし、サインを書くことに異例なほど寛大に時間を割いてくれ、局員たちとの触れ合いを心底喜んでいるようだった」

ブッシュ・シニアがCIA長官をつとめたのは、一九七六年初めからのわずか一年足らずだった。が、この短い間にブッシュ・シニアとバーバラ夫人は、当時ベトナム戦争でのダーティーな秘密工作が暴露されてマスコミから非難の大合唱を受け、自信を喪失していたCIAに誇りと結束、そして家族意識を復活させたことで知られている。そしてCIAを離れてからも「エージェンシー」との関係を維持し、事あるごとにCIAをバックアップし続けた。とりわけレーガン政権で副大統領に就任してからは、CIAのよき理解者として側面支援を惜しまず、「CIAテロリズム対策センター」の設立にも尽力した。こうした功績から、CIA本部は一九九九年に「ジョージ・ブッシュ・インテリジェンス・センター」と改名されている。

息子のジョージ・Wが大統領に選ばれ、CIA長官人事を検討しているとき、ブッシュ・シニアは、クリントン前政権で長官をつとめたジョージ・テネットの留任を強く主張した。理由は「政権交代のたびにＣＩＡ長官を代えるのはおかしい」とブッシュ・シニアが常日頃考えていたからである。ブッシュ・シニアは回想録に、「私はＣＩＡの中に政治を持ち込むことがないようにするために大変苦労した」、「新政権が誕生するたびに自動的にＣＩＡ長官を交代させることは、本来、政治を超えて提供されるべき専門的任務であるものを政治化させかねない」と書いている。

ブッシュ・シニアはつまり、「ＣＩＡ長官は政権交代のたびに取り換えられるような政治的なものではなく、連邦捜査局（ＦＢＩ）長官や統合参謀本部議長のように一つの政権から次の政権へと継続されるべきなのだ」と考えていた。なぜならＣＩＡ長官は客観的な情報と分析を政策立案者に提供することを任務としているため、党派政治とは独立した立場の人間の方が望ましい、と思われたからである。

シニアの推薦を受けたジョージ・テネットは、ギリシャ系移民の息子で、彫りの深い顔に黒くて濃い眉毛が特徴的だ。ブッシュ・シニア同様、冷戦後の大幅な予算削減と規模縮小で士気がどん底まで落ちたＣＩＡの立て直しに尽力し、現場の局員たちから心底信頼された久しぶりの長官だった。テネットは持ち前の人当たりのよさとじょうぜつでジョージ・Ｗの信頼を勝ち取ることにも成功し、引き続きＣＩＡ長官職を任されることになった。

こうしてブッシュ・シニアの意向を受けてテネット長官を留任させることになったのだが、これが後にチェイニー・ラムズフェルド連合とＣＩＡの激しい「抗争」を勃発させることになるとは、このときはもちろん誰も知る由もない。

こうして振り返ってみると、最初の人事が、すでにその後の「血なまぐさい抗争」の必然を決定づけていたということもできるだろう。ブッシュ政権の国家安全保障政策にたずさわる主要な閣僚や高官の人事は、チェイニーの意向を強く受けたものだった。実際にある元国防総省の高官は、「チェイニーと外交・安保の考え方が合わない人はすべて外された」と証言している。これは別に珍しいことでも何でもなく、基本的にどの政権でも大統領やその側近と政治信条や外交・安保に関するものの考え方を共有する者が政治任命者として高官ポストを与えられるからである。

チェイニー副大統領はいわばブッシュ政権に就職を希望する候補者たちの審査長だった。原則彼がすべての候補者をチェックして「就職を許可」したのだが、パウエルだけは別格で、「政権自体の人気を維持する」という目的のために国務長官に任命されたため、チェイニーの審査を受けていなかった。またもう一人のジョージ・テネットCIA長官も、ブッシュ・シニアの推薦というといわば「コネ」で就職したために「チェイニー審査」の枠外だった。この例外的な二人が率いる国務省とCIAが、チェイニー・ラムズフェルド連合と真正面からぶつかるようになったのは、ある意味で必然だったと言えるだろう。

この最初の人事の時からくすぶっていた抗争の火種は、二〇〇一年九月十一日のあの忌まわしい事件を契機に次第に大きくなり、やがて政権全体に広がる大火事に発展し、手の施しようのないほど激しく燃え盛っていく。

黙殺された911テロ情報

二〇〇一年九月十一日の朝、ジョージ・テネット米中央情報局（CIA）長官は、ホワイトハウスとは目と鼻の先にある高級ホテル「セント・リージス・ワシントンDC」で、デヴィッド・ボーレン元上院議員と朝食をとっていた。

普段であれば、CIA長官は合衆国大統領に対して「大統領日次報告」と呼ばれる朝の情報報告をしなければならないので、ホテルでゆっくりと朝食などしている暇はない。しかしこの日は、ブッシュ大統領が公務でフロリダを訪れていたため、テネットはこの朝のひと時を、旧知の仲のボーレン元議員と過ごしていた。

八時半からはじまったボーレン元上院議員との会話が熱を帯びだした頃、テネットのその日の身辺警護隊の責任者であったティム・ウォードが、心配そうな顔でテネットに合図を送った。ボスの朝食を邪魔するほどの何か非常に緊急な事態が起きた知らせだった。

「たった今、世界貿易センターの南棟に飛行機が一機突っ込みました」

この第一報を受けてインテリジェンスのプロは直ちにウサマ・ビン・ラディン率いる国際テロ組織「アルカイダ」によるテロの可能性を考慮して、ボーレンとの朝食を打ち切ってラングレーのCIA本部へと急いだ。テネットはこのときすでにボーレンに対して「ビン・ラディンによるテロの可能性」について言及したことを後にボーレンが明らかにしている。

911後、CIAは「テロ攻撃を防ぐことができなかった」ことで激しい非難の声を浴びたが、テネット率いるインテリジェンスのプロフェッショナルたちは、かなりの確率でビン・ラディンとアルカイダが攻撃を仕掛けてくると予測していた。予測していただけでなく、政策担当者たちに繰り返し大規模テロの脅威に関する警告を発し続けていた。

ジョージ・テネットやホワイトハウスの元テロ対策大統領特別補佐官リチャード・クラークの回想録、米議会の911調査委員会の報告書やジャーナリスト、ボブ・ウッドワードやスティーブ・コルなどの優れた調査報道から、CIAが911に至る数ヵ月間、政権中枢の政策当局者に対して繰り返しテロ警告を行っていたことが明らかになっている。以下、その概要をざっと振り返っておこう。

ブッシュ政権が発足した二〇〇一年一月は、CIAのテロ警戒レベルが危険なほど上昇しており、クリントン政権から引き続きCIA長官を任されることになったテネットは、新政権の閣僚メンバーたちに自己紹介をしながら、「国際テロの脅威が切迫したものである」ことを伝えるのに躍起になっていた。

この頃ジョージ・テネットは、一九九七年七月にCIA長官に就任して以来、初めて「アメリカ合衆国が直面する最も重要な安全保障上の挑戦」のリストの一番目に「テロリズム」を挙げ、「ビン・ラディンが新たなテロを計画している可能性を示す証拠があり、アルカイダはいまや事前の予告なしに複数のターゲットに同時に攻撃を仕掛ける能力を持っています」と閣僚たちに執拗に説いて回っていた。

そもそも「テロ」というものは、強盗や誘拐のリスクと似て、経験しないとなかなかその危険の本質を理解することが難しい。今でこそアメリカは国を挙げてテロ対策に取り組んでいるが、911以前のアメリカの、とりわけブッシュ新政権の閣僚たちの中で、この脅威の本質を理解していたものはテネットを除いてはほとんどいなかった。

一九九九年の十一月と十二月にアルカイダが世界規模のテロを計画し、アメリカが中心となって各国が協調してこの攻撃を阻止したことがあるが、この対テロ作戦を経験したものもテネットのほかには誰もいなかった。

一九九九年、国家安全保障局（NSA）は、「ビン・ラディン」と名乗る人物の電話を傍受。「訓練のときは終わった」という内容だった。この傍受情報がきっかけでヨルダンとイスラエルでアルカイダのテロ計画が未然に阻止された。またロサンゼルス国際空港を攻撃するために爆薬を所持していたアルジェリア人テロリストが、クリスマス前にカナダ経由でアメリカに入国しようとしていたところを当局に逮捕されたのだ。

テネットはこのときCIA局員を総員配置につけ、十五から二十件のテロ攻撃の可能性がある、とクリントン大統領に警告した。テネットは重要な友好国二十ヵ国の情報機関の責任者と話をし、八ヵ国で対テロ作戦やテロ容疑者の捕獲が行われた。

二〇〇一年五月から六月の時点でテネットが目にしていたのは、この一九九九年のときと同様、もしくはもっと深刻な危険を伝えるインテリジェンスだった。NSAはビン・ラディンの配下にいるメンバーたちの不気味な会話を傍受。その数は全部で三十四件に上った。「決行時刻は近い」という宣言や「めざましい出来事が起きる」といった言葉が多く含まれていた。

ＣＩＡテロリズム対策センターのコファー・ブラック部長は、六月四日の下院情報委員会の非公開会議で、「私が懸念しておりますのは、われわれが現在これまで以上に大規模で、これまで以上に破壊的な攻撃の瀬戸際に置かれているということです」と証言。続く六月二十六日には、国務省の外交官がパキスタンでタリバンの代表者と会談し、「もしビン・ラディンがアメリカの権益に攻撃を加えるようなことがあれば、タリバン政権がその責任を負うことになる」とのメッセージを伝え、タリバンに対してビン・ラディンの引き渡しを要求した。ＣＩＡのテロリズム対策センターが、ビン・ラディン・ネットワークの主要な戦闘員たちが姿をくらましたことに気づいたのも六月のことである。

七月に入るとＣＩＡのテロリズム対策センターは、「最近アフガニスタンから帰国した情報源によると、アフガニスタンでは誰もが間近に迫った攻撃について話をしている」というヒューミント（人的情報）も報告してきた。とうとうテネットは七月十日にコンドリーザ・ライス国家安全保障担当補佐官に緊急の面会を要請し、ブラック部長他二名の局員を連れてホワイトハウスに向かった。

ＣＩＡのチームを待っていたのはライス補佐官のほか、スティーブ・ハドリー国家安全保障担当副補佐官とリチャード・クラーク・テロ対策大統領特別補佐官であった。

「これから数週間もしくは数ヵ月以内に重大なテロ攻撃があるでしょう」。ＣＩＡチームの報告者は開口一番にこう述べたという。そして、こう続けた。「目を見張るような派手な攻撃であり、アメリカの施設もしくは権益に対して大量死傷者を発生させるようなものになるでしょう。すでに攻撃準備がなされているはずです。同時多発的な攻撃も可能でしょう」

さすがのライスも事の重要性に気づき、すぐにでも対策を講じるため、その年の三月にCIAが要求していた権限拡大を実現すべく重い腰を上げるかのように思われた。しかし実際には何一つ具体的な行動は起こされなかった。

その理由の一つとして考えられるのは、ブッシュ政権内に「アルカイダの脅威」に懐疑的で、国際テロ対策を安全保障政策の最重要課題に位置づけることに消極的な勢力が存在したことである。

二〇〇一年四月に開催された国家安全保障会議の次官級会議で、ポール・ウォルフォウィッツ国防副長官がCIAの報告者に対して「きみはビン・ラディンを過大評価していないか。国家支援もなしに、九三年の貿易センター襲撃のようなことをやり遂げられるはずはない」と述べたことがリチャード・クラークの回想録に記されている。CIA長官になり損ねたウォルフォウィッツは、ラムズフェルド長官を補佐する国防副長官に任命されていた。ウォルフォウィッツはこのとき、「テロ対策というなら取り上げるべきはイラクのテロ集団だろう」と述べており、アルカイダではなくイラクの優先順位の方が高いのだと主張していた。

またラムズフェルド国防長官の情報参謀にあたるスティーブ・カンボーン情報担当国防次官が、CIAに対して「テロの脅威情報はアルカイダによる大掛かりな欺瞞(ぎまん)作戦の可能性はないのか」という問い合わせをしていたことも記録されている。ウォルフォウィッツも同様の疑問をテネットにぶつけたことがわかっており、国防総省の指導部の間では、ＣＩＡが繰り返し警告するテロ脅威情報に対する懐疑的な風潮が強く存在したことが裏付けられている。

つまり、政権内で脅威認識のコンセンサスがつくれず、必要な政策に関する議論もなされないまま、その日は刻一刻と近づいていったわけである。

八月六日、テキサス・クロフォードにあるブッシュ大統領の別荘で行われた大統領日次報告の見出しは、「ビン・ラディンはアメリカで攻撃を行う決意である」というものだった。これについては米議会の９１１テロ事件調査報告書でも詳しく触れられている。この日の大統領への情報報告には、「ビン・ラディンの戦闘員たちが航空機をハイジャックする可能性」についても含まれており、「ハイジャックの脅威」について実際に二回言及されていたという。しかしながら、それがいつ、どこで行われるかについての詳細情報はなかったため、具体的かつ迅速な行動はとられないまま時は過ぎていったのである。

ＣＩＡの戦争計画

このように９１１テロに至る数ヵ月間、ＣＩＡは時期や場所は特定できなかったものの、大規模なテロの警告を繰り返し発し続けていた。当然の結果として、事件後ＣＩＡは一気にブッシュ政権内での発言力を強めることになった。

これに関してＣＩＡの対テロ戦争に詳しいピューリッツァー賞作家のスティーブ・コルの発言

が興味深い。911事件以降、コルの発言は米メディアで幅広く引用されているが、前出のドキュメンタリー番組「フロントライン」が、コルとかなり長いインタビューを行っており、しかもウェブサイト上に収録内容の全文を掲載している。このウェブサイトはコル以外にも多くのジャーナリストやブッシュ政権の高官など実に四百名以上のインタビューを全文掲載しており、われわれのような米国外に住む研究者にとっても貴重な情報源となっている。以下、コルの発言を引用しよう。

「ブッシュ政権の閣僚級メンバーの中で、〝このテロ攻撃がいったいどこから来たのか〟について本当に理解していたのはテネットだけだった。それまで数年間にわたってアルカイダを追撃する情報戦の最前線にいたのはCIAだったからだ。（中略）ブッシュ政権の閣僚たちは、テロの犯人はアルカイダであり、アルカイダがアフガニスタンにいるということは理解したものの、この国際テロ・ネットワークの本質について、テネットほど包括的で深い理解をしているものは他にいなかった。911直後の閣僚会議で、テネットは誰よりも豊富で詳細な情報とそれにもとづく対応策を次々と打ち出し、議論をリードしていった」とコルは解説している。

CIAは圧倒的な情報量で政権内の「議論」を制しただけでなく、911後に初めて戦われたアフガニスタンでの戦争も、その戦略的なデザイン、計画から実施まで、主要な部分はほとんどリードした。

テロ発生から二日後の九月十三日に、CIAはすでに対アルカイダ戦争の計画をブッシュ大統領や閣僚たちに説明している。驚くべき迅速さである。攻撃的な秘密工作でアルカイダとその擁護者であるタリバンに対する戦闘を仕掛けるという案であり、そのためにすぐにでもCIAの準軍事部隊をアフガニスタン内に潜入させ、北部同盟を中心とする反タリバン勢力との協力体制を築き、米陸軍特殊部隊の潜入の事前準備を進めることが可能だ、とCIAは提案した。

これに対して国防総省はアフガニスタンに対する洗練された戦争計画を持っていなかった。アルカイダやタリバン政権に対する理解もCIAに比べればはるかに低かった。「アルカイダに一刻も早く反撃を食らわせたい」。ブッシュ大統領は何よりも迅速な対応を望んでいた。「スピードがすべてだった」とテネットも当時を振り返って証言している。

ブッシュ大統領がCIAの提案を正式に承認したのは九月十七日のことだ。CIAは九月十三日の夜には、キャリア三十五年のベテラン工作員ゲーリー・シュローンを退職プログラムから呼び戻し、「すぐにチームを編制してアフガンに行け。北部同盟と連携して特殊部隊の受け入れ態勢を整える準備に取りかかれ」と指示を出している。八〇年代のアフガン戦争のときからこの地域にかかわり、この地域の複数の言語に通じ、多くのアフガン地方軍閥のリーダーたちと面識のあったシュローンは、この秘密工作にはうってつけの人材だった。

そしてCIAが実際に最初の秘密工作チームをアフガン国内に潜入させたのは、テロ事件発生から十六日後の九月二十七日。十名の武装した工作員たちからなるCIAのチームは、百ドル札で合計三百万ドルを持ってアフガン入りし、札束を並べて特殊部隊の受け入れに協力する現地の部族や地方軍閥等を買収し、敵の部隊の位置、装備や通信事情などの情報を入手した。地方の村の長老たちはだいたい一人五千ドルも出せば協力を買い付けることができ、軍閥の長であれば五万ドルから十万ドル払えば買収できたという。

　ＣＩＡによる工作活動がなされる中、米軍によるアフガニスタンへの空爆作戦が開始されたのは十月七日のこと。続いて十月十七日には米陸軍特殊部隊がようやくアフガンの地に到着し、ＣＩＡが提供する敵標的に関するインテリジェンスをもとに、果敢にアルカイダやタリバンの標的近くへ接近し、標的にレーザー照射をすることで精密誘導弾による攻撃の精度を上げていった。「対テロ戦争」の緒戦だったアフガン戦争は、ＣＩＡの工作員約百名、陸軍特殊部隊員約三百名という小部隊に強力な航空兵力を組み合わせた革新的なアプローチで戦われた。加えて反タリバンの地方武装勢力である北部同盟の協力を取り付けることで、大規模な地上部隊を送ることなく首都カブールを制圧することに成功した。この時ＣＩＡは北部同盟や地方の部族長の協力を取り付ける工作に七千万ドルを使ったと言われている。

　作戦の途中、ＣＩＡと国防総省が指揮権をめぐって対立していたことが、ボブ・ウッドワードの『ブッシュのホワイトハウス』に記録されている。それによると、ラムズフェルド国防長官は十月十六日の国家安全保障会議で、「ＣＩＡが戦略を立てている。われわれはその戦略を実行しているだけだ。（中略）あんたたち（ＣＩＡ）が采配をふるっている」と不満をぶちまけたという。結局、ライス国家安全保障担当補佐官が介入して、国防総省が正式に采配をふるうことになったが、ラムズフェルド国防長官は不快だった。

　ラムズフェルドは、自身の軍の準備不足に不甲斐なさを感じると同時に、新しい時代の戦争に対応しきれていない軍の制服組、とりわけ軍のエスタブリッシュメントに対する不満をさらに募らせることになった。ライバルであるＣＩＡが、本来ラムズフェルドが理想と考えていたような、機動力を生かしたスピーディーで斬新な作戦をやってのけたことも、ラムズフェルドの癪に障る点だった。このことは、後に焦点がイラクに移っていく中で、ラムズフェルドが「今度の戦争は何が何でも俺たちの主導でやるのだ」という思いを強く持つようになる背景となっている。また軍の制服組に対して、〝より斬新で前例のない新しい戦争を考えるように〟と強要する伏線となっている点で極めて重要である。

いずれにしてもアフガン戦争は、近年のＣＩＡの活動の中でもっとも輝かしい業績を記録した戦争となり、この戦争後、ブッシュ大統領のＣＩＡに対する評価も急上昇したのである。

対テロ戦争の敵は誰なのか

９１１後にブッシュ政権が宣言した「対テロ戦争」の中で、ＣＩＡが重視していたのは、徹底的な「対アルカイダ戦争」を行うことだった。言い換えれば、ＣＩＡが「対テロ戦争」の主たる敵と考えていたのは、アルカイダという非国家の「国際テロ・ネットワーク」だった。「当たり前ではないか」と思うかも知れないが、実はブッシュ政権内でこの点について意見の一致が見られていたわけではなかった。次章で詳しく論じていくが、ラムズフェルドやウォルフォウィッツ等の国防総省指導部やチェイニー副大統領の周辺は、「対テロ戦争」の主たる敵はアルカイダではなく、むしろイラクやイランのような「国家」だと考えていた。

二〇〇一年十月にCIA主導でなされたアフガン戦争ではアルカイダの司令中枢部や首脳たちのアジト、メンバーたちの訓練キャンプなどが破壊されたが、この派手な軍事作戦はCIAが考えた「グローバル対テロ戦争」のほんの一部でしかなかった。アルカイダの地下ネットワークを見つけ出し、彼らの破壊行為を阻止し、世界中に張り巡らされたネットワークの細胞を除去するために、CIAは世界中のインテリジェンス機関との協力体制を促進し、グローバルなインテリジェンス・ネットワークを構築しようと動き出していた。

再びピューリッツァー賞作家スティーブ・コルの説明に耳を傾けよう。

「911後にテネットはCIAのアルカイダに対するグローバルな作戦行動を拡大させる権限を与えられた。この作戦は、アルカイダが活動を行っている世界中の国々、とりわけイスラム世界のインテリジェンス機関との情報連絡体制を強化するというものだ。テネットは情報連絡体制を強化するために、ヨルダン、モロッコ、エジプトやパキスタンなどのインテリジェンス機関に対して、資金協力、技術協力や人員面での支援などを行うためのほとんど無制限の資源を与えられた」

本気でグローバル・テロ組織との戦いを進めるのであれば、アメリカ側もグローバルな対テロ連携を進める以外に効果的な方法はない。例えばCIAはアルカイダのような国際テロ組織にはなかなか自分たちのスパイを潜入させることができない。イデオロギーで固まっている排他的な集団には、なかなか外部の人間が潜入することができないからである。しかしテロリストの「意図」を摑むにはどうしてもヒューミント（人的情報）が不可欠であり、CIAが単独でアルカイダにヒューミントを持てないとなれば、すでにスパイを送り込んでいるヨルダンやエジプトなどの情報機関からもらうしかない。

もちろん情報の世界は常に「ギブ・アンド・テイク」が基本であるので、CIAはこれらの国々の情報機関に資金を提供したり、武器や各種装備品を購入したり、訓練を提供する。またこうした国々とのさまざまな政治的取引を通じて情報を取るわけである。こうした点からもアメリカが国際的に孤立したり、アラブやイスラム諸国と敵対関係になってしまっては、肝心のアルカイダ情報は取れなくなってしまうのである。

そこでCIAは911後に、このような情報協力関係をさらにイスラム諸国を中心に大幅に拡大させる計画を立ち上げたのだ。友好的なアラブ諸国の情報機関を中心に八十ヵ国の治安・情報機関との情報連絡体制を強化するというプランであった。

CIAが911直後に情報協力を開始した国の一つにシリアがある。二〇〇一年十月、CIAの高官が密かにシリアの首都ダマスカスを訪れ、アルカイダのテロ・ネットワーク撲滅のために両国の情報機関がどのように協力できるかを協議した。シリアは「テロ支援国家」として米国務省のリストに掲載されている国である。よってその経緯には少し説明が必要だろう。

シリアはイスラエルとの敵対関係から、イスラエルの占領に対して武力で抵抗しているイスラム過激組織に対して長い間支援を施してきている。シリアは例えばレバノンのヒズボラやパレスチナのハマス、イスラム聖戦、パレスチナ解放人民戦線といった組織に安全地帯を提供するなどの支援を続けてきた。ハマスやイスラム聖戦はイスラエルの占領に武力を使って抵抗し、イスラエル国内で自爆テロなどを行っている。このため「イスラエルに『テロ』を行っているこれらの組織を支援している」という文脈で、シリアは「テロ支援国家」であると言われてきた。

ところがシリアはその一方で、アルカイダに関しては他の中東諸国とは別の次元で貴重な情報を有していた。世俗派のバース党が支配する現シリア政府は、自国内のイスラム急進主義勢力、とりわけ「ムスリム同胞団」とは過去二十年間にわたる激しい戦いを演じてきている。アルカイダがこのムスリム同胞団と緊密に連携していることから、シリアの情報機関はアルカイダに関しても膨大な情報を蓄積していたのである。

911の実行犯たちの多くはドイツのアーヘン市やハンブルク市のテロ細胞組織に隠れて準備をしていたことが明らかになっているが、これらの都市ではアルカイダとムスリム同胞団が緊密に連携していたことが分かっている。シリアの情報機関はこのドイツのイスラム・テロ・ネットワークに八〇年代からスパイを潜入させており、911テロ計画も事前に知っていたのではないか、と疑われるほど詳細なアルカイダ情報を持っていたという。911後の米・シリア情報協力によりこうしたシリアの持つインテリジェンスがCIAにどっと流れるようになった。

シリア政府側は、911を契機に浮上した情報協力を皮切りに、対米関係を改善させようという政治的意図を持ってCIAに協力していた。敏腕調査ジャーナリスト、セイモア・ハーシュとのインタビューの中で、シリアのバッシャール・アサド大統領は、「わが国はインテリジェンスの共有を提案することで、アメリカが受けた大惨事に対する心からの同情の気持ちを表明した」と述べ、「アルカイダとムスリム同胞団は一心同体」なので、アメリカとシリアは同じ側に立って「対テロ戦争」を戦っているのだという認識を明らかにした。

「われわれにとって、911はよい機会となった。（両国の）協力の必要性は自明の理だったし、わが国の利益にも適っていた。また対米関係を改善させる一つの方法でもあったのだ」。アサド大統領はこのように述べ、911が生み出した新しい環境の下でアメリカとの関係を改善させることに意欲を見せたのである。

「シリアからもたらされる情報は質量共にCIAの期待をはるかに上回るものだった」と元CIA分析官のフリント・レヴェレットも証言している。セイモア・ハーシュによれば、「二〇〇二年初頭までにシリアは対アルカイダ戦争におけるもっとも能力の高いCIAのインテリジェンス同盟国に浮上した」のであった。

二〇〇一年十月にシリアを訪問したCIA幹部は、その直後に国務省代表者と共にロンドンでリビアの情報機関の幹部と会合を持っている。シリアに続き、アメリカはリビアとも対テロ分野での情報協力の道を探ったのである。リビアは世界で初めてウサマ・ビン・ラディンを国際指名手配した国であり、アルカイダとは敵対関係にあった。CIAがこの会合を皮切りに対テロ分野で進めたリビアとの協力関係は、後にリビアの大量破壊兵器廃棄という形で実を結ぶことになる。

このようにCIAは911後、対アルカイダ戦争に関する新たな権限を与えられ、アルカイダ情報を貪欲に追求し、国際テロ・ネットワークの壊滅に邁進した。そしてそのために従来の同盟国や友好国の枠を超えて、シリアやリビアなどそれまでアメリカと非友好的な関係にあった国々との情報協力も開始した。ＣＩＡは実利を最優先させ、グローバルな連合を築き上げることで、アルカイダを追いつめる作戦をとったのである。

国務省が描いた新たな国際協調戦略

　このＣＩＡのグローバル戦略は、国務省が描いていた新しい国際協調戦略ともピタリと歩調が合っていた。９１１後にアメリカの外交政策を司る国務省が一体どのような戦略を描いていたのかは意外と知られていない。

　ブッシュ政権の第一期で国務副長官をつとめた、日本人にもお馴染みのリチャード・アーミテージは、「よくぞ聞いてくれた」とばかり、巨体を揺すらせながら当時の国務省の戦略について説明してくれた。

「９１１直後にわれわれがやろうとしていたのは、アルカイダにターゲットを絞ることでより多くの国々と新しい協力関係を築き、国際関係の新しいダイナミズムをつくることだった。例えば９１１後に私はすぐにロシアを訪問し、対アルカイダ戦でどのような協力ができるかを話し合った。アフガンでの戦争をはじめるにあたってロシアの協力を取り付けたかったし、ロシアはチェチェン紛争との関係でアルカイダ情報を豊富に持っていたからだ」

　アーミテージが説明した国務省の基本路線は、ＣＩＡのグローバル路線とピタリと重なっていた。「パウエル国務長官（当時）は９１１後、世界中の指導者から連絡を受け、アメリカに対する支持やアメリカの対テロ戦争に対する協力の申し出を受けた。その中にはイランのようなそれまで友好的でなかった国まで含まれていたのだ」

焦点をアルカイダに絞ることで、これまでアメリカとの外交関係が希薄だった国との関係も強化して、新しいグローバル対テロ連合を構築することが、国務省の主たる外交目標だったのである。当時、国務省政策企画室の室長だったリチャード・ハースは、この新しいアプローチを「統合戦略」と名づけた。これは「アメリカ以外の国家や組織を、アメリカの利益や価値観と矛盾しない世界を持続させていくためのさまざまな調整過程の中にどんどん統合していく」という外交原則のことである。「この統合プロセスに、冷戦時代に敵対していた国家をも引き入れて、国際テロリズムや大量破壊兵器の拡散といった超国家的な問題に協力してあたる」というものだ。

当時コリン・パウエル国務長官の首席補佐官をつとめていたローレンス・ウィルカーソンは、その「統合戦略」を国務省がどのように具体的に実践していったのかについて次のように説明してくれた。このインタビューは二〇〇八年五月に行われた。当時、ウィルカーソンはジョージ・ワシントン大学で教鞭をとっていたが、講義の合間に空いた教室を使って一時間以上も私に「特別講義」を行ってくれたのだ。

「二〇〇一年九月十二日に、われわれは巨大なマトリックスを作成し、縦軸には国名を、横軸には協力してもらえる項目、例えば『基地の使用』だとか『情報協力』といった項目を書き込み、各国にどのような協力をしてもらえるか、各国とどのような新しい関係を築くべきかを検討した。そして重要度の高い国にはパウエル長官かアーミテージ副長官が直接交渉に出向き、それより重要度の低い国にはより下のランクの外交チームが交渉にあたるという具合に、外交上の優先順位をつけた上で外交交渉に取りかかった」

国務省はまた、「対テロ戦争」の焦点をアフガニスタンのアルカイダと東南アジアのイスラム過激勢力に向けていた、とウィルカーソン教授は証言した。

「われわれがこの新しい戦争の『敵』と位置づけたのはアフガニスタンのアルカイダ、東南アジアのジェマ・イスラミア（JI）とフィリピンのアブサヤフだった。もちろんアブサヤフはフィリピンの反政府運動というか犯罪集団のようなもので国際テロリストには該当しなかったが、当時米政府はフィリピン政府とさまざまな問題を抱えていたので、このアブサヤフ掃討に手を貸すことでフィリピンとの外交関係を改善させようという政治的狙いがあった」

国務省は「敵」の筆頭に「グローバル・テロ組織」のアルカイダを位置付け、さらに別の政治的目的も絡めてインドネシアのJIとフィリピンのアブサヤフにターゲットを絞ったというのである。さらに国務省はこの「対テロ戦争」を中東のアラブ・イスラエル紛争と切り離すことを意識していたとウィルカーソン教授は述べた。

「われわれは意識的にこの戦いにレバノンのヒズボラやパレスチナのハマスを含めないように注意していた。第一に純粋に軍事的に見ればヒズボラの能力はアルカイダのそれを上回っていたので、この戦いでヒズボラを敵に回してしまうのは得策ではないと考えた。またイスラエルに対する抵抗をしている勢力に戦争をしかけ、中東のアラブ・イスラエル対立の泥沼に自ら足を踏み入れる必要はないと考えたのだ」

国務省の外交のプロフェッショナルたちは、イスラム諸国との連携をさらに強化してアルカイダの活動を封じ込める新しい「統合戦略」を進める上で、アラブ・イスラエル関係を無用に刺激するような政策を避ける道を慎重に選んでいた。ヒズボラやハマスを「対テロ戦争」の敵に含めてしまえば、イスラム諸国との連合は崩れてしまう。つまりイスラム諸国からのアルカイダ情報が入ってこなくなる危険性が高かった。

そこで「アルカイダ」という最大公約数にターゲットを絞ることで、より多くの国との協調・連携を可能にし、多くの国の協力を「統合」していく道を考えていたのである。

しかし、ブッシュ政権内にはこれとはまったく異なる脅威認識、戦略観を持ち、CIAや国務省が進めるグローバル戦略に真っ向から異議を唱える勢力が存在した。911後の議論が国際テロ・ネットワーク「アルカイダ」に集中し、「対テロ戦争」の主導権がCIAや国務省に握られてしまうことを極度に恐れるこのグループは、CIAや国務省から主導権を奪い取るべく巻き返しの機会を虎視眈々と狙っていたのである。

第2章

ネオコンの逆襲

すべてはフセインを排除するために

「最新情報を至急。ＵＢＬ（ウサマ・ビン・ラディン）だけでなく、同時にＳＨ（サダム・フセイン）も攻撃するのに十分なものかどうか判断。大規模派兵。すべてを一掃。関連のあるなしにかかわらず」

二〇〇一年九月十一日の午後二時四十分。ドナルド・ラムズフェルド国防長官は９１１テロの報復として、「関連のあるなしにかかわらず」サダム・フセインのイラクを攻撃する可能性を示唆した短いメモを書いた。

その日の朝、ハイジャックされた米民間航空機が世界貿易センターと米国防総省に突っ込んだ数時間後に、米中央情報局（ＣＩＡ）は、アフガニスタンにいるアルカイダのメンバーが「よい知らせを聞いた」と話している会話を傍受。正午過ぎにはジョージ・テネットＣＩＡ長官自らラムズフェルド国防長官に対して、「ハイジャック犯の中の三人がサウジアラビアのアルカイダのメンバーであったこと」を伝えていた。それにもかかわらず、ラムズフェルドの反応は「関連のあるなしにかかわらず」、「同時にイラクも攻撃する」という驚くべき内容であった。

ラムズフェルドは、アメリカに対するテロ攻撃に関してイラクの独裁者とアルカイダの両者に報復を加える可能性を、記録に残る形で示した最初の閣僚であった。しかし同国防長官が「イラク」を持ち出したのは単なる思いつきからではなかった。なぜならブッシュ政権の発足直後から、政権中枢部では「イラクのサダム・フセインをどうするか」について真剣な議論が交わされていたからである。

二〇〇一年一月三十日の午後。ジョージ・W・ブッシュが第四十三代の合衆国大統領に就任してから最初の国家安全保障会議（NSC）が開催された。ブッシュ政権の安全保障チームは、この会議ですでに「バグダッドの体制をどうすべきか」を話し合っていた。この会議に出席した当時の財務長官ポール・オニールは、後にこの国家安全保障会議の模様を暴露して話題を呼んだ。

二〇〇四年、ピューリッツァー賞を受賞したこともある辣腕（らつわん）ジャーナリストのロン・サスキンドが、オニールの全面的な協力を得て『忠誠の代償』を出版した。オニールに提供された膨大な情報と彼の鮮明な記憶により、この会議の模様は同書で生き生きと再現されている。

それによると、会議の口火を切ったのはブッシュ新大統領であり、「新政権はイスラエルとパレスチナの和平プロセスとは距離を置き、イスラエルを支持する」という新方針が明らかにされた。これは明らかにクリントン前政権の政策との決別を意味していた。ブッシュ新政権は、クリントン前政権がやっていたあらゆる政策を批判し、前政権の政策を踏襲しないことを宣言していた。そこでクリントン前政権が多大な時間と労力を費やして取り組んだ中東和平プロセスとは完全に距離を置くという新方針が立てられ、改めてその方針がブッシュ大統領の口から発せられたのである。

続いてライス国家安全保障担当補佐官がイラク問題を取り上げ、「サダム・フセインは核、生物・化学兵器のような大量破壊兵器の開発を進めており、中東における不安定勢力になっている」と力説した。

メッセージはこれ以上ないくらい明白だった。〝ブッシュ新政権は中東政策をイスラエル・パレスチナ和平交渉プロセスからイラクへシフトさせる〟ということである。

ライス補佐官に続いてジョージ・テネットCIA長官が、会議室の机一杯に引き伸ばされた大きな衛星写真を披露した。CIAが「イラクの生物・化学兵器に必要な原材料を製造する工場ではないか」と考えている建物の写真だった。このときチェイニー副大統領がその衛星写真に並々ならぬ関心を見せて、自身のスタッフたちを手招きで呼び、「これは見とかなくちゃならん」と促していた様子をポール・オニールは鮮明に記憶している。

そしてブッシュ大統領はラムズフェルド国防長官とヘンリー・シェルトン統合参謀本部議長に対して、サダム・フセイン政権を打倒するための「軍事的選択肢を検討しておくように」と命じて、一回目の国家安全保障会議は幕を閉じた。

二回目の会議は二月一日に開催されたが、この直前にラムズフェルド国防長官は、「大量破壊兵器の保有を目指す〝ならず者国家〟や国家の支援を受けたテロリスト組織による〝非対称の脅威〟からアメリカを防衛するための費用」を説明するための六ページのメモを配付した。オニールは、そこに書かれていたのは「一九九〇年代後半にアメリカン・エンタープライズ公共政策研究所（AEI。ネオコン派シンクタンク）の会議に出席していたネオコンの指導者連中から聞かされたことばかりだった」と回顧している。

「ネオコン」とは、「ネオコンサーバティブ（新保守主義）」の略語である。この一群は一九八〇年代以降、保守派の外交安全保障サークルで絶大な影響力を持つ勢力へと成長した。「何者の挑戦をも許さないアメリカ」「圧倒的な軍事力を保持するがゆえに、自らが望むとき以外は他の国や国際機関に妥協したり配慮したりする必要のないアメリカ」を標榜し、冷戦時代には反共産主義の急先鋒となり、クリントン政権の後期からはイラクやイランに対する強硬政策を主張した超タカ派の国防エリートたちのことである。

「冷戦の終結は中東に力の空白を生み出した。この空白を埋めようと独裁者や地域大国が地域覇権を握るべく動き出し、強力な兵器の開発に邁進してアメリカの権益に脅威を与えている」

ネオコンたちは概ね（おおむ）このように主張し、脅威の筆頭にイラクを挙げていた。ブッシュ政権の国家安全保障チームのメンバーたちの多くは、過去に数多くのイラク問題に関する会合に出席し、イラク問題について多数の記事や論文を執筆していた。また彼らの多くが一九九一年の湾岸戦争時にブッシュ・シニア政権に何らかの形で加わっており、イラクの戦略的な重要性やその脅威についてては、すでに確固とした固定観念を持っていた。

二回目のNSCでラムズフェルド長官は、アメリカがフセイン政権に軍事力を行使することになるような事態、例えばサダム・フセインがイラク北部の飛行禁止区域で監視飛行中の米軍機を撃墜した場合、などいくつかのシナリオを紹介し、米・イラク軍事衝突の可能性について検討した。

「われわれは初めから、難癖をつけてフセインを排除し、イラクを新しい国に変えることを考えていた。それですべては解決だ。問題なのは目的を達成する『方法』を見つけることだった。すべてがそうだった。大統領はいつも『結構だ。方法を考えてくれ』と述べた」とオニール元財務長官は述べている。

そして二〇〇一年の六月までに、ブッシュ政権はフセイン政権に対する四つの政策の選択肢を机上に並べた。一つは経済制裁とイラク北部飛行禁止空域での軍事的圧力をともに強化することでフセイン政権に対する封じ込め体制を強めること。二つ目は、同様に封じ込めを強めながら、イラク国内の反政府勢力、とりわけイラク南部のシーア派と北部のクルド人に対する支援を積極的に進めること。三番目は二番目のアイデアのバリエーションの一つと言えるが、イラク南部のシーア派地域にフセイン政権に対する反乱勢力の聖域をつくり、そこを拠点にして反フセイン活動を活発化させること。そして最後のオプションが、イラクに全面的な軍事侵攻を行い、フセインを排除するというものであった。

ネオコンとユダヤ人

オニール元財務長官は、ラムズフェルドの下で対イラク政策の草案を書いた連中のことを「ネオコン」と表現した。オニールだけでなくアーミテージ元国務副長官やウィルカーソン元大佐など他のブッシュ政権元高官と話していても、「ネオコンたち」という表現が頻繁に登場する。「ネオコン」については一時期日本のマスコミでもずいぶん取り上げられ注目されたが、それがいったい誰のことを意味するのか、正確に理解されているとは言いがたい。「強硬派」の代名詞として使われたり、何やらおどろおどろしい秘密結社や陰謀集団として誤解されている例も多いようである。こうした風潮に反発する日本の知識人の中には、「そもそもネオコンなんていないのだ」と主張する者もいるが、実際にオニールやアーミテージが「ネオコン」と呼んでいるように、そのように表現される一群が存在することは紛れもない事実である。

ワシントンの政策コミュニティの中では、「あの辺の連中のことをネオコンと呼ぶ」という共通認識があるのだが、それがいったい誰のことを指すのか日本では明確に定義されていないため、誤解を生んでいるようである。もっとも「あなたはネオコンですよ」と証明するような会員証があるわけでもなく、特定の組織や団体、エスニック・グループに限定されているわけでもないので、ネオコンを定義するのは非常に困難である。そこでここでは「ネオコン」と呼ばれている一群がどのような世界観を持ち、どのような利害関係の中で何をしようとしているのかを、歴史的な経緯も踏まえて検証することによって、この集団の輪郭をより明確に浮かび上がらせてみよう。

ネオコンとはもともと一九六〇年代に極端に左傾化した民主党についていけなくなり、共和党の保守陣営に鞍替えしたタカ派の旧民主党員のことを呼ぶ。もともとはアーヴィング・クリストル、ダニエル・ベル、ネイサン・グレーザーといったニューヨーク市立大学シティカレッジ出身の、若くて急進的で貧しいユダヤ系知識人たちの一群のことを指して呼ぶ言葉だった。当時シティカレッジはユダヤ人学生の入学制限を設けなかった数少ない大学の一つであり、この集団は「ニューヨーク・スクール」とも呼ばれていた。

一九六〇年代のアメリカと言えば、右翼、左翼のイデオロギー闘争が新たな段階に突入した時期だった。黒人を中心とするマイノリティ（少数派）が主力となった「自由と平等」を求める民主化運動が盛んになり、黒人をめぐる公民権運動が活発になった。また、ベトナム反戦運動も学生を中心に拡大していた。やがてこうした運動の一部は、過激なマルクス主義イデオロギーと結びついて過激化し、現状に不満を持つグループを巻き込んだ反体制運動へと発展していった。ベトナム反戦運動やいわゆるカウンターカルチャー（既存の体制や文化を否定し、それに敵対する文化）の影響力が強まる中で、民主党リベラル陣営の左傾化がどんどん進んでいった時代である。

もともとネオコンの知識人たちは、極めて進歩的、自由主義的イデオロギーを持っており、伝統的な保守主義者とは違って福祉国家には賛同している。ところが、一九六〇年代を席巻した「行き過ぎた」リベラリズムにはついていけずに中道化し、「新しい保守主義（ネオコンサバティズム）」の担い手としてリベラル陣営を離れたのであった。

このネオコン知識人の多くはユダヤ系の出自であったことから、彼らはナチスのファシズムやソ連の共産主義に対する激しい憎悪と嫌悪感をその思想の原点に持っている。そこでソ連共産主義の「悪」に寛容な左派リベラルを批判し、共産主義のような大きな「悪」を倒すためにアメリカの軍事力を行使することに大賛成である。

こうしたネオコンの思想にもっとも強い影響を与えた哲学者はレオ・ストラウスだと言われている。前出の『ウルカヌスの群像』を書いたジェームズ・マンも、現代のネオコンの代表選手であるポール・ウォルフォウィッツの政治思想にもっとも大きな影響を与えた人物はストラウスだと書いている。

レオ・ストラウスはドイツ系ユダヤ難民で、ナチスの抑圧の最中にヨーロッパを離れてアメリカに移住し、シカゴ大学の政治学部で教鞭をとり、アメリカの近代保守主義運動の代表的思想家の一人となった人物である。彼の思想は、ユダヤ系としてナチスの迫害に遭遇したという環境の下で形成されており、その中核にあるのは、「道徳的寛容性の否定」である。道徳的寛容性とは、国際政治に人権や人種差別などの道徳的問題を持ち込まないことを意味していた。第二次世界大戦以前の欧米では反ユダヤ主義が蔓延しており、アドルフ・ヒトラーのユダヤ民族弾圧に対しても「寛容」な空気が支配的だった。つまりヒトラーが人権を抑圧しているからといってドイツとの外交関係を断絶したり、武力を行使してドイツの内政に介入してそうした弾圧を止めさせることを考える政治家などほとんどいなかった。

ストラウスは、「力強く行動し、固い信念を有し、専制に立ち向かおうとする指導者」の重要性を強調し、不屈の意志をもってヒトラーに立ち向かったウィンストン・チャーチル元英国首相を理想の指導者として崇拝している。

このストラウスの思想は、ウォルフォウィッツのような現代のネオコンたちが、人権や民主主義のために軍事力を行使してまで他国に介入するというロジックの原点となっている。

この対極に位置する考え方が伝統的な英米外交のバランス・オブ・パワー（勢力均衡）であり、国際秩序の「安定」や「現状維持」を保ちながら国際関係を管理していくという考え方である。

ネオコンに関する優れた研究を発表したケンブリッジ大学のステファン・ハルパーとケイトー研

究所のジョナサン・クラークによれば、ネオコンは「安定」「現状維持」「抑止」「封じ込め」「現実主義」「信頼醸成」「対話」「コンセンサス」といった用語を忌み嫌い、「こうした概念は国際問題の解決には役に立たないと信じている」のだという。なぜならこうした「安定」や「現状維持」を追求する外交の行き着く先は、ヒトラーに対する宥和政策であり、チェコスロバキアのズデーテン地方をドイツに割譲することを認めた一九三八年の「ミュンヘン協定」だからである。

ヒトラーに対する宥和政策のクライマックスである「ミュンヘン協定」を最悪の政策として位置付け、ヒトラーに対して断固とした態度を貫いて全面戦争を決意したチャーチルを崇める。これは現在でもネオコンたちの外交・安全保障政策を考える上での原点だといえる。

ブッシュ第一期政権で国防総省のナンバー3のポジションにあたる政策担当国防次官をつとめたダグラス・ファイスを例にとってみよう。二〇〇五年五月九日付の米『ニューヨーカー』誌に、ジャーナリストのジェフリー・ゴールドバーグがファイスとのインタビュー記事を発表している。ファイスの自宅を訪問したゴールドバーグは、彼の書斎に「しかめっ面をしたチャーチル」の写真が飾られており、書棚を埋め尽くす書物の圧倒的多数が、イギリス帝国の歴史に関するものだったと記していて興味深い。

「私は子供にしてはたくさんの第二次世界大戦に関する歴史の本を読んだよ。チェンバレン主義者（ミュンヘン協定を推し進めた宥和主義者）のこともずいぶん考えた」と回顧するファイスは、「チェンバレン主義者は我が家では人気がなかった」と述べている。ファイスの父親は両親と三人の兄弟と四人の姉妹をドイツの強制収容所で失っていたのである。

「私の親族はヒトラーに抹殺されてしまったのだ。ヒトラーと話し合うことで問題は解決するのだといった類のあらゆる事柄は私にとってまったく意味をなさない。『戦争は答えではない』なんてステッカーを車のバンパーに貼っているような奴は真面目に物事を考えているのだろうか？真珠湾攻撃に対して何て答えたらいいのか？　ホロコーストには何て答えるんだ？（中略）私が驚いてしまうのはこんなに多くのユダヤ人がネオコンであるという事実ではなくて、ネオコンでないユダヤ人がこんなにたくさんいることだ」

ファイスはかなり率直に自身の出自とネオコン思想の背景について語っている。このファイスの例に見られるように、ネオコンはユダヤ系が受けた迫害の歴史を通じて少数民族の弾圧に対して非常に敏感に反応し、圧制者に対しては断固たる態度で立ち向かおうとする攻撃的な外交思想を持つようになったのである。

ウォルフォウィッツとパール

ブッシュ・シニア政権で国家安全保障問題担当大統領補佐官をつとめた共和党の重鎮ブレント・スコウクロフトはかつて、「本当のネオコンが誰かと言えばそれはリチャード・パールとポール・ウォルフォウィッツの二人だろう」と述べたことがある。「ラムズフェルドにもっとも大きな影響力を持つアドバイザー」と評されたリチャード・パール元国防政策委員長と、ブッシュ政権一の戦略理論家だったポール・ウォルフォウィッツ元国防副長官。この二人のネオコン代表選手の足跡を辿ることで、彼らがなぜサダム・フセインの打倒をあれほど強力に推し進めるようになったのか、その背景に迫ってみたい。

ポール・ウォルフォウィッツ。不倫でCIA長官になり損ね、「ペンタゴン」と呼ばれる国防総省の巨大な官僚機構のナンバー2になったこの男の存在なくして、ブッシュ政権によるイラク戦争はなかったかもしれない。そのくらいブッシュ政権の安全保障政策は、ウォルフォウィッツが提唱した理論的枠組み、知的資産の影響を強く受けていた。

ウォルフォウィッツはポーランド系ユダヤ人移民の家庭に生まれた。彼の父ジェーコブ・ウォルフォウィッツはワルシャワで生まれ、十歳のときに両親と共にニューヨークに移り住んだ。ウォルフォウィッツ家は一九二〇年代の反ユダヤ主義が吹き荒れるポーランドを逃れて新天地アメリカに来たのだが、母国に残った一族の中には後にナチスの犠牲になったものもいたという。

ポールの父ジェーコブはニューヨーク大学で数学の博士号を取得し、後に統計理論に関するアメリカ最高の権威者の一人となっている。彼は生涯を通じての熱心なシオニスト（イスラエル至上主義者）であり、ソ連による反体制派や少数民族の弾圧に対して抗議運動を組織するなど、政治活動にも積極的にかかわったという。ポール・ウォルフォウィッツはそんな父の戦争やホロコーストに関する蔵書を読んで育ったと言われている。

ポール・ウォルフォウィッツは、数学者だった父と違い、政治や歴史のような社会科学にのめり込んでいった。彼が長い研究生活の中で興味を持ち続けたのは、中東の安全保障というテーマだった。彼の博士論文のテーマは、中東の核拡散の危険性について研究したものであり、イスラエルとアラブ諸国双方の核兵器開発の危険性に警鐘を鳴らす、実に先見性に富んだ研究であった。

この研究テーマを推薦したのはウォルフォウィッツが師事していたシカゴ大学のアルバート・ウォルステッター教授であり、ウォルフォウィッツはこの人物からとてつもなく大きな知的影響を受けている。ウォルステッターは一九五〇年代初頭にランド研究所で核戦争の理論と戦略に関する全米屈指の専門家として名をあげた人物である。「アメリカの戦略的脆弱性」という概念を使い、当時アメリカの核戦略の要であった戦略空軍の海外基地が、日本による真珠湾攻撃のようにソ連による奇襲攻撃に対して脆弱であることを示し、当時のアメリカの核戦略の議論に大きな影響を与えた。要するにウォルステッターはソ連に対する核抑止力は不十分であることを理論的に示し、タカ派の国防サークルの中心にいた人物である。

六〇年代の後半にシカゴ大学で政治学を教えるようになった同教授は、実践的な安全保障の議論に興味を持つウォルフォウィッツのような学生たちを魅了していった。ウォルステッター教授はまた、ワシントンの政策コミュニティにも広範な人脈を築いていたので、彼の下で安全保障の勉強をし、ワシントンの政策の現場で役立てたいと考える若い学生たちにとっては、その就職の世話もしてくれる頼もしい師匠であった。

一九六九年の夏に、ウォルフォウィッツはウォルステッター教授の薦めで「賢明な防衛政策を維持するための委員会」という団体の活動に参加した。この委員会は「冷戦」を形作った二人の往年の元外交官ディーン・アチソン元国務長官とポール・ニッツ元国務省政策企画室長が、弾道弾迎撃ミサイル（ＡＢＭ）システムへの支持を議会から取り付けるロビー活動のために設立した団体であった。

ここでウォルフォウィッツは運命的な出会いを経験する。この委員会に、彼と同じようにウォルステッター教授の薦めで参加した学生の中に、リチャード・パールがいたのである。

パールは一九四一年九月にニューヨークで中産階級の家庭に生まれており、ウォルフォウィッツ同様ユダヤ系で、ユダヤ教の成人式を受けているものの、家庭は宗教的に厳格ではなく、パール自身へブライ語を覚えることはできなかったという。

アメリカのジャーナリスト、アラン・ワイスマンが著したパールの伝記『暗黒のプリンス　リチャード・パール』を読む限り、パールの青少年時代に家庭で政治について話されたことはほとんどなく、パール自身高校までノンポリで文学好きの青年であり、将来は大学で英文学でも教えたいと考えていたという。

そんなパールの関心を一変させるきっかけをつくったのがウォルステッター教授であった。パールはクラスメートだった同教授の娘との付き合いを通じて、その父親であるウォルステッター教授と知り合い、国際安全保障の世界に魅せられていった。ウォルステッター教授の影響で政治学や安全保障の世界に興味を持ったパールは、南カリフォルニア大学で国際政治学を専攻し、その後プリンストン大学で修士課程、ロンドン・スクール・オブ・エコノミクスで博士課程の研究へと進むことになった。

ヘンリー・スクープ・ジャクソン

ウォルフォウィッツとパールが出会った一九六九年の夏、米議会では弾道弾迎撃ミサイルシステムに対する反対の声が議会のハト派の議員を中心に盛り上がっていた。ちょうどベトナム戦争に対する不満が強まり、国防予算に対する目が厳しくなる中で、この兵器システムの有効性やソ連との軍拡を招くことになりはしないか、などの理由から反対の声が強まっていたのである。

ウォルフォウィッツとパールは、「賢明な防衛政策を維持するための委員会」でアチソンとニッツという冷戦期の二人の大物の熱心な指導を受けながら、弾道弾迎撃ミサイルシステムに共感する議員たちのために、同システムの配備を支持するための調査レポートを作成した。この調査の過程でウォルフォウィッツとパールは、ウォルステッター教授の指導に従い各上院議員を回りこの問題に関する聞き取り調査を行った。こうして二人の学生がインタビューをした多くの上院議員の一人にワシントン州選出の民主党議員ヘンリー・スクープ・ジャクソンがいた。

スクープ・ジャクソンは一九一二年に生まれ、一九四〇年に二十八歳で当時最年少で下院議員に当選して以来、一度も落選することなく下院に六回、上院に六回当選し、計九人の大統領の下で終生議員活動を送ったエネルギッシュな政治家である。彼は国内問題においては、社会福祉政策や労働運動それに環境問題にも積極的に取り組んだが、外交問題では民主党きってのタカ派で、軍事費の拡大とソ連に対する強硬政策を強力に支持し続けたことで知られている。とりわけ国防予算の増大と弾道弾迎撃ミサイルシステムへの最も強硬な支持者だったことなどから「ボーイング社が送り込んだ上院議員」と揶揄(やゆ)され、軍産複合体の利益代表の一人との批判を受けたこともある。

ジャクソンはまたイスラエルとの関係が非常に深く、一九七〇年代までに米議会でイスラエルに対する軍事援助をもっとも強硬に支持する議員として知られるようになっていた。ソ連のような圧制国家に対する妥協なき強硬姿勢や軍事利権との繋がり、それに強硬な親イスラエル姿勢という三つの要素は、そっくりそのまま今日のネオコンに引き継がれている。

ウォルフォウィッツもパールも一目見てスクープ・ジャクソンに惚れ込んでしまったという。若い大学院生二人を相手に弾道ミサイル防衛に関するデータやチャートを見て熱心に議論をしたジャクソン議員は、「結局のところ実際に経験しなければこの政府がどうやって機能しているかを理解することはできないぞ。どうだい、一年くらい私のところで働いて空いた時間に論文を書けばいいじゃないか」と二人に自分のところで働くよう声をかけたという。

「結局スクープのオフィスでの仕事に空き時間なんかなく、私はそのまま十一年間も彼のもとで働くことになったというわけさ」とパールが笑って回顧するように、このときの出会いはパールの人生を変え、パールは研究室に戻ることなくスクープ・ジャクソンのスタッフとしてワシントンの政治の世界に入っていった。

一方のウォルフォウィッツはジャクソン・オフィスでの経験をもとに再び研究の道に戻り、学者としてのキャリアを積むことになるが、以降パールとウォルフォウィッツは現実と理論のそれぞれの世界で経験を重ねつつ、連携をしていくことになる。

パールがスタッフとして働いていたジャクソン事務所には、後にジョージ・W・ブッシュ政権で要職に就くパールやウォルフォウィッツの同盟者たちが多数集っていた。当時ジャクソン議員の特別顧問をしていたエリオット・エイブラムスは、ブッシュ政権では大統領の中東問題担当特別補佐官をつとめた。またダグラス・ファイスはブッシュ政権では国防総省ナンバー3である政策担当国防次官をつとめたが、彼もジャクソン事務所のスタッフとして働いていた。さらに政権外でブッシュ政権の強硬路線を支持した保守系シンクタンク「安全保障政策センター」のフランク・ギャフニー代表や「新アメリカの世紀プロジェクト（PNAC）」のウィリアム・クリストル代表もジャクソン事務所で働いた経験を持ち、スクープ・ジャクソンの弟子を自称している。

現在「ネオコン」と呼ばれているグループは、ウォルフォウィッツやパールを中心にスクープ・ジャクソンの周辺に集い、その思想やものの考え方、それに軍産複合体の利権と深くかかわっている勢力だと考えていいだろう。

ネオコンとＣＩＡの「三十年戦争」

ワシントンでネオコンと言われる人たちと話をしていると、彼らが「ＣＩＡ」に対して共通の認識を持っていることに気づかされる。私がアメリカン・エンタープライズ公共政策研究所のマイケル・レディーンにインタビューをしていたときのことだ。ＣＩＡが公表しているあるデータを引用して質問をしようとすると、レディーンは「フンッ」と鼻で馬鹿にしたかと思うと、「君はその分析を信用しているのか。ＣＩＡがこれまでに長期予測を当てたことがあるかい?」と言ってＣＩＡの過去の分析の誤りを、実例を挙げて説明し出した。

チェイニー副大統領の下で中東問題の顧問をつとめたデヴィッド・ワームザーも、「ＣＩＡの分析が間違う理由の一つは、彼らの分析がひどく偏っていて、固定観念に捉われすぎるからなのだ」と真剣な顔で説明していた。

われわれ日本人の多くは「ＣＩＡ」と聞けば「泣く子も黙る秘密諜報機関の総本山」で、「人知れず悪事の限りを尽くしている陰湿でダーティーなスパイ集団」というイメージを持っているのではないかと思う。ところが、超タカ派のネオコンにとってのＣＩＡのイメージとは、「軟弱」「敵の脅威見積もりが甘い」「リベラルな学者」「危険を犯さずリスクをとらない官僚集団」といった類の非常にネガティブなものばかりである。特にその情報分析に関してはほとんど信用していないと言っても過言ではない。

実は情報分析をめぐるネオコンとＣＩＡの対立というのは、今やワシントンでは「伝統」にすらなってしまっている感がある。その発端は一九七〇年代、ブッシュ・シニアがＣＩＡの長官をつとめていたときに遡る。

毎年、国防予算が編成される年末に、ＣＩＡをはじめとするインテリジェンス・コミュニティは、ソ連の意図や能力に関する秘密文書「国家情報評価（ＮＩＥ）」を出すことになっていたが、一九七〇年代の半ばには、この文書をまとめる過程でとりわけ対ソ強硬派からクレームがつけられるようになっていた。議会の強硬派は「CIAの分析があまりにもソ連の脅威に対して楽観的でソ連の指導部や軍に対する見方が穏便過ぎる」としてCIAに対する批判を強めていた。要するにCIAはキッシンジャー大統領補佐官のデタント（ソ連との緊張緩和）路線に合致するように情報に手を加え、あるいはソ連の意図についての読みが甘いために、ソ連の脅威を過小評価しているのではないかという批判が出ていたのである。

スクープ・ジャクソンを中心とする議会の強硬派は、外部の専門家チームにソ連の能力や意図に関する報告を出させるようにフォード政権とCIAに圧力をかけ、同政権で有力なポストについていたチェイニーとラムズフェルドが政権内部からこの動きをサポートした。こうした圧力の下で七六年六月、ブッシュ・シニアCIA長官は、外部の専門家十人をメンバーとする「チームB」を設置して、ソ連とその意図に関して独自の報告書を作らせることに渋々同意した。もちろんCIAにとってこれ以上ない屈辱的な決断であった。

チームBのリーダーをつとめたのはロシア史が専門のハーバード大学のリチャード・パイプス教授で、リチャード・パールがかつてジャクソン議員に紹介したことのあるネオコンの代表的論客であった。この他のメンバー全員も、パールが「個人的によく知っている」対ソ強硬派たちで、その一人は当時軍備管理軍縮局に勤務していたポール・ウォルフォウィッツだった。

チームBは、「ソ連の究極的な戦略目標は、西側の燃料供給を断つ能力を備えることであり、アメリカよりも第一攻撃能力で優る戦略兵器を開発することだ」という基本的な姿勢で分析を進めていたので、CIAの分析とはまったく異なる結果が出るのは初めから明らかだった。案の定チームBは、「ソ連はアメリカよりすでに軍事的優位を築いており、戦争を仕掛けてくる準備をしている……このソ連優位の不均衡は、過去十五年間にアメリカのインテリジェンス・コミュニティの指導者が、ソ連の軍備増強に関する現実を見誤ったことに起因する」と結論付けた。

この報告がCIAの顔に泥を塗ったのは言うまでもない。この後すぐにカーター政権が誕生して外交方針が変わったため、「チームB」の分析が取り入れられることはなかったのだが、ここで重要だったのは、チームBの分析が政策に反映されたかどうかではなく、インテリジェンス・コミュニティに悪しき前例を作ってしまったということだった。というのも、この後「CIAが敵の脅威を過小評価しているのではないか」という批判が議会で出るたびに、「チームBを結成して情報の見直しをさせて独自の評価をさせろ」という声が上がるようになったからである。

実際九〇年代の半ばには、下院で多数を占めていた共和党が、アメリカに対する弾道ミサイルの脅威について、独自の研究をするために「チームB」をモデルにした独立の調査委員会を設置した。このとき委員長をつとめたのがラムズフェルドであり、主要メンバーの一人がウォルフォウィッツだった。このラムズフェルド委員会は、「アメリカがミサイル攻撃を受ける可能性は、それまでCIAなどの情報機関が報告してきたよりはるかに高い」と結論づけて弾道ミサイル防衛の促進に一役買った。

後にブッシュ政権でラムズフェルドとウォルフォウィッツがCIAの情報分析を信用せず、国防総省内に独自の情報分析チームを設置するようになるが、これはすでに七〇年代の「チームB」以来、ネオコンたちの頭にインプットされていた発想だった。つまり後にブッシュ政権で起こるイラク大量破壊兵器をめぐる史上最悪の情報分析の失敗は、実はこの頃からその下地ができていたと考えることもできるのである。

サラエボでの成功体験

「チームB」でブッシュ・シニアのCIAと対決して以降の「リアル・ネオコン」ポール・ウォルフォウィッツとリチャード・パールの足跡をもう少し辿ってみよう。

一九七七年にカーター政権ができると、ウォルフォウィッツは地域問題担当国防次官補代理として国防総省に勤務し、この時に将来のイラク戦争と関係する重要な研究を行っている。当時のハロルド・ブラウン国防長官は、ウォルフォウィッツに「米軍が第三世界で直面する可能性のある潜在的な脅威」について研究するよう命じた。「限定的緊急事態研究」と呼ばれたこのプロジェクトで、ウォルフォウィッツはペルシャ湾岸の石油資源に注目し、アメリカのペルシャ湾岸防衛の必要性について「国防総省として初めて」本格的な研究に着手した。ウォルフォウィッツはペルシャ湾岸の油田をソ連が支配下に置く可能性だけでなく、ペルシャ湾岸のある国家が他国の油田を脅かしたらどうなるか、特にイラクが隣国のサウジアラビアやクウェートに侵攻したらどうなるか、という問題を研究したのである。

ウォルフォウィッツは大学と政府の間を行き来し、学問と政治の世界の橋渡し役をつとめてきたが、その全キャリアを通じて「中東とペルシャ湾岸地域の力の均衡」に強い関心を抱いてきた。彼は博士論文では中東での核兵器拡散問題を扱い、七〇年代後半以来、イラクがサウジやクウェートの油田に脅威を与える危険性について警告を発していたのである。そして一九九〇年八月にイラクがクウェートに侵攻すると、彼の懸念が正しかったことが実証され、ウォルフォウィッツの戦略家としての先見性に対する評価が定着していった。

この湾岸戦争後に、当時国防総省の政策担当国防次官という要職に就いていたウォルフォウィッツは、冷戦後の新しい時代における軍事思想の指針となる新戦略の立案という仕事を任された。先に触れたように、ウォルフォウィッツはこのとき、アメリカの軍事力の維持の重要性を強調し、大量破壊兵器の拡散がもたらすアメリカへの潜在的脅威に鋭い注意を向けた。そしてこの脅威に対処するためには、「抑止や封じ込めといった戦略だけでなく、攻撃的軍事行動の可能性も考慮すべき」と提案し、先制攻撃の理論を打ち出していた。

この文書の作成をウォルフォウィッツに任せたのは当時のチェイニー国防長官で、このプロジェクトをウォルフォウィッツの下で手がけたのは当時国防次官補だったルイス・スクーター・リビー（ブッシュ政権ではチェイニー副大統領の首席補佐官）と国防次官補代理のザルメイ・ハリルザッド（ブッシュ政権では駐イラク米大使など）だった。

ウォルフォウィッツの経歴を辿っていくと、二〇〇三年のアメリカによるイラク戦争の論理が、一九七〇年代からウォルフォウィッツやネオコンたちの中で長い時間をかけて熟成されていったものであることがわかる。

一方、リチャード・パールは、一九八〇年にスクープ・ジャクソン議員の下を離れ、アビントン・コーポレーション社の共同経営者に納まった。この会社はジョン・リーマンという後にレーガン政権で海軍長官に就任することになるパールの旧友が経営する国際コンサルティング会社であった。この会社でパールが受け持った最初のクライアントが、イスラエルの武器商人シュロモ・ザブルドービッツと同氏の息子が経営する兵器会社ソルタム社だった。このイスラエルの兵器会社は、米市場に参入するために輸出許可などさまざまな規制をクリアする必要があり、その過程で親イスラエルのスクープ・ジャクソン議員に紹介されたのがきっかけでパールと知り合った。

またパールはこの頃からトルコ政府、軍部の上層部と親密になり、トルコ政府の非公式なロビイストの役割も果たしている。これはもともとパールの師匠であるアルバート・ウォルステッター教授が描いていた「アメリカ・トルコ・イスラエルによる大同盟」という戦略的構想を下敷きにしたもので、パールはこの構想の実現のために密かに奔走したわけである。

しかしこの会社でイスラエルの兵器会社の代理人として働くのも束の間、ロナルド・レーガンが次期大統領になることが決まると、パールはレーガン新政権移行チームのメンバーとなり、ポール・ウォルフォウィッツやエリオット・エイブラムスなど多くの友人たちを新政権の要職に就ける活動に尽力。また自身には「自分のやりたいことだけをやり、興味のないことはやらなくていいポスト」として、それまで存在しなかった「国際安全保障担当国防次官」というポストを用意した。

レーガン政権時のペンタゴンで、パールは主に軍備管理問題でソ連との交渉チームに加わった。国務省がソ連に対して少しでも「生温い」条件を設定しようとすると、パールが介入して決してアメリカ側に不利にならないような厳しい条件に変えたという。とりわけソ連にミハイル・ゴルバチョフ書記長が誕生して米ソ間のデタントが本格化し、戦略核の削減交渉が進む中で、パールはアメリカ側が妥協することなくソ連を外交的に屈服させる強硬な助言を徹底して行い、当時のジョージ・シュルツ国務長官から賞賛された。当時のゴルバチョフ書記長は、パールのことを指して「こいつこそアメリカの外交政策を動かしている男だ」とマーガレット・サッチャー英首相（当時）に語ったと伝えられている。

パールがペンタゴン在職中にもう一つ力を入れたのが、トルコとの戦略的な関係の強化だった。ウォルステッター教授に感化されたパールは、トルコに対するアメリカの軍事援助を大幅に増やし、トルコをアメリカの対外軍事援助の受益国としてはイスラエル、エジプトに次ぐ三番目の地位にまで押し上げることに尽力した。また米国防総省とトルコ軍の間にハイレベルの防衛連絡協議会を新たに設置したのもパールである。

パールの伝記を書いたアラン・ワイスマンによると、国務省は当時このパールのトルコへの接近に強い懸念を抱いていたという。その理由の一つは、当時トルコがアフガニスタンから欧州への麻薬の中継地点となっており、トルコ政府や軍の一部の腐敗分子がこの麻薬取引に関わっている疑いがあったことだという。

しかしそんなことにはお構いなしに、レーガン政権を去って民間人に戻ったパールはさらにトルコとの関係を深める。トゥルグト・オザル・トルコ大統領との関係を利用してパールはワシントンのトルコ政府の正式なロビイストとなり、その活動のために「インターナショナル・アドバイザース社」を設立した。パールはこのとき、後にブッシュ政権で国防次官の要職に就くことになるダグラス・ファイスを雇い入れ、トルコ政府のためのロビー活動を精力的に展開した。

つまりパールは、ペンタゴン在職中に米・トルコ間の軍事関係を強化して、莫大な軍事援助が米国民の税金からトルコに流れる仕組みを作り、政権を去ってからはトルコ政府のロビイストとして、その資金の一部を「コンサルティング料」として受け取ったというわけである。まさに「戦争詐欺師」の呼び名にふさわしい手法と言えよう。

九〇年代前半にユーゴスラビア連邦が分裂し、セルビア人、クロアチア人、ボスニア人の間で悲惨な民族紛争が勃発すると、パールはボスニアの利益を代表してこの戦争に深く関わることになる。米政府はクロアチアに続きボスニアに対しても軍事援助として多額の資金を供与したのだが、パールのコンサルティング会社はボスニア政府のためにこの軍事援助をどのように使うべきかの助言を行い、数多くの米防衛企業との契約をまとめた。またトルコからボスニアへの武器支援のルートを開き、戦後は両国政府の正式な軍事協力をアレンジした。

この戦争が終わるとパールはボスニアの首都サラエボを訪問した。そこで終戦を祝い歓喜に溢れるボスニアの若者たちの姿を目撃した。パールはその一人の若者に「クロアチア人やセルビア人の隣人たちをどう思うか」と質問すると、そのボスニア人の青年は「隣人なんかじゃない、われわれは完全に統合された一つの国民なのだ」と興奮して答えたという。

「彼らは同じカフェに集い、同じ音楽を聴き、同じレストランや学校にいく。違いと言えば収入や教育のレベルなどで、民族による違いではないのだ」とパールは回顧している。もちろんこれはもともとコスモポリタンなサラエボの一部に限った現象であり、少し郊外に行けば民族対立は根強く残っていたのだが、パールは誤った教訓を学んでいた。

「少人数の独裁者を取り除いてしまえば解放された国民は平和に調和しながら暮らしていくものだ。サダム・フセインは正真正銘の大量殺人者であり、彼の体制の下でスンニ派がシーア派より優遇されていたとはいえ、この独裁者に怯え、抑圧されているという恐怖感は共有している。この独裁者を取り除くということは、彼らが共有している恐怖を取り除くことに他ならない。この独裁者を取り除かない限り、何一ついいことは起きない」

このボスニア紛争による「成功体験」とそこから得られた誤った教訓は、パールの「レジーム・チェンジ」理論に圧倒的な自信を与え、イラクのサダム・フセインを武力で取り除くべきだという強い信念を植えつけてしまったと言えるだろう。

アメリカを戦争に引き込んだ男

パールやウォルフォウィッツなどのネオコンが、イラクのサダム・フセインに対する関心を強めていく過程で、一人の亡命イラク人の存在を抜きに語ることはできない。アフマド・チャラビ。反サダム・フセインの亡命者組織としては最大の「イラク国民会議（ＩＮＣ）」を率いた亡命イラク人の指導者である。チャラビは米政府の支持の下、イラク戦争後の新政府で要職に就き、一時は副首相の地位にまで登りつめた人物である。

「アフマド・チャラビのように、公職に就いていない一介の外国人でありながら、アメリカの開戦決定にこれほど深く、決定的にかかわった人物は、アメリカの歴史上他に類を見ない」

名門シンクタンク「外交問題評議会（CFR）」の会長をつとめたこともある外交問題の専門家レズリー・ゲルブは、チャラビを評してこう述べたことがある。欧米のメディアでは「アメリカを戦争に引き込んだ男」と呼ばれるこの謎多き亡命イラク人は、パールやウォルフォウィッツなどのネオコンとどんな関係を築き、どのようにアメリカの開戦決定にかかわっていったのだろうか。

アフマド・チャラビは一九四四年十月三十日に、裕福で影響力のあるシーア派の家庭に生まれた。チャラビ家は代々政治家一家であり、祖父は九回も閣僚の地位に就いた大物政治家で、チャラビの父も当時の上院の議長をつとめ、国王のアドバイザーまでつとめたと言われている。しかし一九五八年の革命によりチャラビ家は国を追われ、以降長い亡命生活を送ることになった。

イギリスで寄宿制の高校を卒業したアフマド・チャラビは、その後アメリカに渡り、マサチューセッツ工科大学（MIT）で数学を専攻し修士課程修了後、シカゴ大学で博士号も取得している。この後チャラビはレバノンに渡り、ベイルートのアメリカン大学で数学を教えるようになるが、ヨルダンのハッサン皇太子（当時）に請われて同国で銀行を設立した。当時ヨルダンの銀行業はパレスチナ人にほぼ独占されていたが、ヨルダン王室のバックアップを受けたチャラビのペトラ銀行は、当時同国では珍しかったATMやコンピューター化された銀行業務を取り入れて大いに繁盛し、その後十年の間にヨルダンで二番目に大きな銀行へと成長した。チャラビはヨルダンの首都アンマンでもっとも裕福で影響力のある銀行家になっていた。

ところがこの絶頂期も長くは続かず、一九八九年にペトラ銀行はさまざまな不正の容疑で当局の調べを受け、チャラビは四十五歳にして人生二度目の亡命生活をロンドンで送ることになる。一九九二年にはヨルダンでチャラビに対して虚偽申告、文書偽造、公金横領、通貨投機、窃盗、自身に対する不正融資など三十一項目において有罪との判決が出されている。ちなみにチャラビ自身はこの件について、フセイン政権と仲の良かったヨルダン政府が、サダム・フセインを批判する同氏を抹殺しようとした政治的弾圧であると主張している。

いずれにしても、ロンドンで再び亡命生活を始めたチャラビは、残りの人生を反サダム・フセイン運動に捧げることになる。チャラビは他の有力なイラク人亡命者とコンタクトをとり始めその組織化に乗り出すが、反体制派組織はどれもこれも弱小でばらばらに細々と活動をしていた。当時はまだ英政府も米政府も、イラクの反体制派組織を援助することに何の興味も関心も持っていなかったからである。

そんな状況を一変させたのが、一九九〇年八月に起きたイラクによるクウェート侵攻だった。チャラビたちにとってこれは、まさに天からの贈り物のような出来事だった。突然チャラビたちのコメントがメディアで取り上げられるようになり、一九九一年二月には、『ウォールストリート・ジャーナル』にチャラビの寄稿が掲載されたのである。デビュー作となったこの寄稿記事で、「アメリカはサダム政権を転覆させるべきである」とチャラビは訴えた。アメリカは最後まで仕事をやり終えるべきであり、「そうすればイラクに民主主義を植えつけることが可能となる」とチャラビは書いた。「反体制派の連合が自由選挙と新憲法を約束することで事実上の権力の正当性を主張することができるであろう」。チャラビはこの短い記事の中で「民主主義」という言葉を十九回も使い、アメリカ人に「イラクの民主化」というコンセプトを初めて紹介した。

この後チャラビはフセイン体制崩壊後の受け皿となる暫定政府を構成する統合行動委員会を結成し、クルド人、シーア派そして反サダムの元バース党員などの組織化に力を入れた。また「自由イラクのための国際委員会」を組織して、「自由なイラク」を作る目的のために賛同する政財界の有力者の支援を募った。このときこの活動の賛同者として名を連ねた有力者のリストの中に、アルバート・ウォルステッター教授とリチャード・パールの名前がある。シカゴ大学教授だったウォルステッターは、同大学で博士課程に進んだチャラビと知り合い、同教授を通じてチャラビはパールに紹介され、以来チャラビとパールは長きにわたって親交を深めていく。

ところがチャラビや「自由イラク」を求めるチャラビの支持者たちの期待を裏切るように、湾岸戦争でブッシュ・シニア大統領は、バグダッドまで米軍を進撃させることをせず、フセインを政権の座に残してクウェートだけを解放する決断を下した。この決断の理由をブッシュ・シニアと彼の国家安全保障問題担当大統領補佐官だったブレント・スコウクロフトは後に以下のように記している。

「われわれは国民的な反乱やクーデターでサダムが転覆されることを望んではいたが、アメリカもイラク近隣のいかなる国々も、イラクという国家が分裂することは望んでいなかった。ペルシャ湾岸の入り口で長期的に勢力の均衡が崩れるのを懸念したのである」

キッシンジャー流の伝統的な勢力均衡外交を重視するブッシュ・シニアやスコウクロフトならではの冷徹なリアリズムが、バグダッドへの進軍を止めさせたのである。もしあのときバグダッドまで侵攻していたとしたら、「われわれはバグダッドを占領し、事実上イラクを統治することを余儀なくされただろう。（反イラクの）多国籍軍は直ちに崩壊し、アラブ諸国はわれわれの行動に憤慨して連合から離れ、他の同盟国もまたわれわれから離れて行っただろう」と回顧している。二人は続けて、「イラクに侵攻し占領することは、すなわち一方的に国連決議で委託された任務を超えてしまうことを意味し、われわれが当時確立しようとしていた侵略に対する国際的な対応の規範を自らぶち壊してしまうことを意味していた。もしわれわれがそれでもイラク侵攻を行っていたとするならば、アメリカはおそらく激しい敵意をむき出しにする国をいまだに占領していることになっただろう」と記している。

ブッシュ・シニアとスコウクロフトがこのような決断を下したのは一九九一年のことである。その後のイラク戦争とアメリカが陥った状況から考えてみると、当時のこの認識はまさに卓見と言わざるを得ない。しかし、これはチャラビやその支持者たちのように「自由なイラク」を求める勢力にとっては裏切り以外の何物でもなかった。

そしてさらにチャラビたちを憤慨させたのは、ブッシュ・シニア大統領がイラクの国民に、フセインに対する反乱を呼びかけておきながら、クルド人やシーア派の反乱勢力を支援することをせず、フセイン政権の凶暴な革命防衛隊がこの反乱部隊を鎮圧するのを指をくわえて見ていたことだった。

チャラビたちは、アメリカがシーア派の反乱勢力を見殺しにしたとして、ブッシュ・シニア政権を「偽善者だ」と激しく糾弾するキャンペーンを展開し、米議会でもアメリカが「何もしない」ことに対する抗議の声が上がるようになった。そこでブッシュ・シニア大統領は九一年春、フセイン政権に対するＣＩＡの秘密工作を正式に認可。そのための予算は三千八百万ドルという法外な額だった。そしてこれがチャラビ率いるイラク国民会議がアメリカ政府に「他に類を見ない」大きな影響力を持つ直接的なきっかけをつくることになる。

チャラビは何者か

チャラビと諜報機関との関係については、長い間さまざまな噂が飛び交っていたが、二〇〇八年に包括的なチャラビの伝記が出版されて、それまでの議論に終止符が打たれた感がある。外交というよりもむしろ犯罪と安全保障問題の狭間を取材することで定評のある調査ジャーナリスト、アラン・ロストンが『アメリカに戦争をさせた男』と題したチャラビの伝記を出版したのである。

ロストンの詳細な調査によれば、ブッシュ・シニアが認めた秘密工作費の中で、当初チャラビが受け取ったのは「試験的に」五万ドルだったが、すぐに年間四百万ドルに増額されている。ＣＩＡはまたイラクのフセイン政権の国際的イメージを傷つけるための情報操作として、戦略広報の専門会社「レンドン・グループ」とも契約をした。そして一九九二年春になると、当時ばらばらだった反政府勢力を結集させるために、ＣＩＡはチャラビとレンドン・グループに対し「イラク国民会議（ＩＮＣ）」を組織するように命じている。こうしてチャラビはイラク反体制派の指導的な地位に就き、しかもレンドンの広告、広報、プロパガンダのプロたちを配下に置いて、ＣＩＡの思惑をはるかに超える活動を展開していくことになる。

ＩＮＣは九二年にウィーンで産声をあげ、翌年にはイラク北部のクルド人支配地域にＩＮＣ本部を設立した。ＣＩＡはチャラビにイラクの反体制派グループを組織化してまとめる任務を与えていたが、チャラビはより野心的な計画を練り上げていた。チャラビの計画はイラクの北部と南部で反乱を扇動し、続いて三つの主要な都市に反乱を拡大させ、首都バグダッドのサダム・フセインを締め上げて窒息させていくというものだった。この計画の前提は、ひとたび地方で反乱が始まれば大部分のイラク軍がこの動きに呼応して反乱勢力に加勢し、全国規模の蜂起を引き起こすことができるというものだった。

チャラビが本当にイラク軍の蜂起を確信していたのかどうかは定かでない。ただＣＩＡは、「チャラビが単にアメリカをイラクとの戦争に引き込もうとしていただけ」と考えてこの民衆蜂起案に乗り気でなかったことだけは確かである。

一九九五年三月、それにもかかわらずチャラビのＩＮＣはこの反乱計画を実行に移してしまう。決行の数日前に当時のクリントン政権の国家安全保障問題担当大統領補佐官だったアンソニー・レイクからチャラビに「アメリカはこの反乱計画を支持しない。君たちの計画はすでにフセイン側に漏れている可能性が高い。失敗する危険が高すぎる」との警告メールが送られていたが、チャラビはとにかく計画を実行した。

アメリカが警告した通り、フセインは内通者を忍び込ませていたためこの計画を事前に察知しており、蜂起した反乱部隊を即座にひねり潰し、イラク北部のINC本部も破壊してしまった。チャラビの夢はあっけなく消えてしまったのであった。

この事件の後、CIAはチャラビに対する不信感を強め、次第にチャラビやINCと距離を置くようになる。この頃になるとCIAは、チャラビに代わりイヤド・アラウィというヨルダンのアンマンを拠点に活動する反体制派の指導者に肩入れをするようになっていた。アラウィは元バース党員であり、サダム・フセインを憎んでいたものの、旧バース党員の間では幅広いネットワークを築いていた。アラウィもチャラビと同じくフセイン政権の転覆を夢見ていたが、チャラビのように国民的な蜂起を通じてではなく、軍のエリートによるクーデターの方が現実的であると考えていた。

CIAはアラウィのクーデター案が気に入り、一九九六年にアラウィのグループが実際にクーデターを仕掛けるが、これも事前に情報が漏れて失敗し、百二十名の共謀者がフセインの治安部隊に逮捕された。

チャラビはこのアラウィ派の失敗は、クーデターではなく国民的反乱を狙う戦略こそ正しいことの証明だと述べ、「CIAはアラウィではなくINCを使うべきだった」と大々的に宣伝したが、CIAはチャラビがこの計画をフセイン側に漏らしたのではないかと疑い、以降チャラビとの関係を断絶する。そもそもINCはCIAが組織したにもかかわらず、チャラビとINCはCIAのブラックリストに掲載され、以降チャラビとCIAは「交戦状態」に入るのである。

「イラク解放法」の制定

CIAに「切られた」チャラビは、新たなスポンサーを探して今度は米議会に接近する。その水先案内人をつとめたのがパールを中心とするネオコンだった。チャラビはこの頃までに、「フセインを倒すにはアメリカを戦争に引き込むしかない」ことを悟り、明確にこの目標に向けて活動を展開していく。チャラビ自身、雑誌インタビューに答えて次のように語っている。

「私はルーズベルト大統領のことを徹底的に研究した。ナチスを憎んでいたルーズベルトは、アメリカ国内で孤立主義が蔓延していたにもかかわらず、国民を説得してアメリカを参戦へと導いていった。彼のことを研究することで多くのことを学んだ」

そしてチャラビはひたすらアメリカ国民が聞きたいと思うことを繰り返し発言した。ネオコン派や親イスラエルの議員たちが集うイスラエル・ロビーの集会では、「民主的な新生イラクがイスラエルと国交を回復し、かつてイラクのキルクークとイスラエルのハイファを結んでいた石油パイプラインを再び開通させる」と公言した。

こうして「チャラビとINCが民主的政府をイラクに樹立し、イスラエルと和平条約を締結し、アラブ世界のお手本となる」という構想が少しずつワシントンに広まっていった。パールのコネを通じて、チャラビは上院の大物議員トレント・ロットやジョン・マケイン、下院議長のニュート・ギングリッチ、下院国際関係委員会の大物スティーブン・レデメーカー、二人の元国防長官ディック・チェイニーやドナルド・ラムズフェルド等に自身を売り込んでいった。

実際チャラビはイラク民主化の夢とヴィジョンを見事に語り、一度チャラビと会った者は皆その話に魅了されたという。ネオコンとは敵対するアーミテージのような現実主義者でさえ「その話を聞いたときはチャラビを支援しようと思った」と証言している。

ちょうどネオコン派はクリントン政権に対する批判を強めて、外交安全保障問題での発言を増やしていた。例えば一九九七年にはネオコン言論人たちがシンクタンク「新アメリカの世紀プロジェクト（PNAC）」を立ち上げて、新たな言論活動の発信地としていた。この団体は「世界の民主主義の同盟国との絆を強め、アメリカの利益や価値観と敵対する勢力と対決」し、世界に覇権を打ち立てることを目指していた。

一九九八年一月二十六日、クリントン大統領（当時）の一般教書演説を前にしてPNACは大統領に書簡を送った。

「われわれは大統領閣下にこの機会をとらえ、アメリカや世界中の同盟国や友好国の利益を守るための、新たな戦略を発表することを強くお勧めいたします。そしてその戦略とは、何よりもサダム・フセインの権力からの排除を狙ったものにならなければなりません。（中略）サダム・フセインが大量破壊兵器をつくらないことを保証するわれわれの能力は、実質的に低くなっています。たとえ完全な査察が再開されたとしても、イラクの化学・生物兵器生産を監視することは非常に困難であることを、経験は物語っています……」

PNACはすでに一九九八年の時点でイラクの大量破壊兵器の脅威について危機感を抱き、フセイン政権の転覆を狙った新戦略を打ち出すよう、大統領に直接意見書を提出していた。この書簡にはPNAC代表のウィリアム・クリストルをはじめ、十八名の大物たちの署名があるが、そのうち十名、すなわちエリオット・エイブラムス、リチャード・アーミテージ、ジョン・ボルトン、ポーラ・ドブリアンスキー、ザルメイ・ハリルザッド、リチャード・パール、ピーター・ロドマン、ドナルド・ラムズフェルド、ポール・ウォルフォウィッツ、ロバート・ゼーリックが、その後ブッシュ政権で要職に就くことになる。

この数ヵ月後、大統領への書簡に署名した同じメンバーは、さらに「チャラビのINCはイラク国民を代表する唯一の組織であり、クリントン政権はINCと直接交渉すべきだ」と訴えた。そして一九九八年三月には米上院がチャラビに発言の機会を提供した。

「私はイラク国民会議がアメリカの占領軍を要求しているのではないことを強調したいと思います。われわれが必要としているのは占領のための米陸軍ではなく、イラク人による解放軍です。もし米政府がわれわれを支援し、イラク国内にINCのための安全地帯を保障してくだされば、サダム・フセインに愛想を尽かしているイラク軍の部隊を造反させ、彼らの中央司令部に対して反旗を翻すことになるでしょう。もしアメリカが航空兵力で支援をしてくだされば、フセイン政権は数ヵ月で崩壊するでしょう」

そしてこのチャラビの反フセイン活動に対する米政府の公式な支援を勝ち取るため、チャラビは米議会のシンパと組んで、「イラク解放法」の制定に奔走した。このときチャラビを助けて積極的に同法制定に向けて尽力したのが、当時議会の職員で、上院近東・南アジア問題委員会の首席委員をつとめていたダニエル・プレトカ女史だった。彼女は後にネオコン系シンクタンクのアメリカン・エンタープライズ公共政策研究所（AEI）の政策研究副部長として、リチャード・パールなどと共に強力にイラク戦争を擁護することになる。

チャラビがプレトカを取り込んだことの重要性は、彼女が下院国際関係委員会の重鎮スティーブン・レデメーカーの妻だったことである。妻との二人三脚で、レデメーカーはイラク解放法の制定に邁進した。また「リアル・ネオコン」ウォルフォウィッツも同法の立案に積極的にかかわったと言われている。

こうして一九九八年九月二十九日、上下両院にイラク解放法の法案が提出され、十月五日には下院で、その二日後には上院で可決され、その月末にはクリントン大統領によって調印され、とんとん拍子で成立してしまった。この調印日はアフマド・チャラビの五十四歳の誕生日の翌日だったという。

「イラクにおいてサダム・フセインが率いる体制を権力の座から取り除き、その体制に代えて民主的な政府の誕生を促進することは、アメリカ合衆国の政策とならなければならない」

この一文がイラク解放法のエッセンスである。これによりアメリカ政府は、法律によりサダム・フセインの転覆を求めることが義務付けられたわけである。アフマド・チャラビをよく知るある元米政府高官は、この法律の意義について次のように述べていた。

「この九八年のイラク解放法が二〇〇三年のイラク戦争の直接的な出発点だったと言えると思う。この法案が出された頃、クリントン大統領は個人的なスキャンダルにまみれ、政権は非常に不安定になっていた。ネオコンと議会が作った流れにただ従うしかない状況だった。この法律によってイラクの政権交代が米政府の公式の政策になり、実際に同法に基づいて莫大な資金がチャラビを中心とする反体制派に流れることになった。この資金の一部はＩＮＣの顧問やコンサルタントをつとめることになったネオコンたちの懐も潤すようになった。こうしてイラク反体制ビジネスの利益集団ができ上がったのだ」

また翌一九九九年には、多くのネオコンが集う右派シンクタンク、アメリカン・エンタープライズ公共政策研究所（ＡＥＩ）に所属していた中東問題研究員デヴィッド・ワームザーが、『暴政の協力者——サダム・フセイン打倒に失敗したアメリカ』を出版して、「フセイン政権交代」のための理論を完成させた。ワームザーはリチャード・パールの弟子であり、ダグラス・ファイスの親しい友人であり、イラク問題についてはアフマド・チャラビを師と仰いでいた。同書の序文はパールが書き、ワームザーはパール、ファイスやチャラビに謝辞を述べている。

ワームザーは同書で「サダム・フセインを倒せば、シリアとイランは情勢不安になり、ハマス、イスラム聖戦、ヒズボラは孤立し、中東全体の戦略バランスを大きく変えることができる」と主張した。またイラク国内の従来の少数派・多数派の勢力バランスを壊すことで、近隣諸国へ影響を拡大させることもできると書いていた。

「シーア派のセンターである（イラクの）ナジャフとカルバラを解放することは、イラクのシーア派がイラン革命に挑戦し、この革命を致命的なまでに脱線させる可能性がある。（中略）過去半世紀で初めて、イラクが歴史的なシーア派の神学の中心としてイランに取って代わり、同時にスンニ派の専制主義に対抗する可能性がある。イラクのシーア派を解放することは、イランのイスラム革命にとって脅威となるだけでなく、サウジアラビアに対してもより一層の脅威を与えることになるだろう」

つまりワームザーはイラクのシーア派であるチャラビの影響を受けて、イラクの多数派であるシーア派をスンニ派であるフセインの圧制から解放すれば、イラク国内のスンニ派支配を終わらせるだけでなく、近隣のスンニ派専制主義やイランのシーア派に対しても圧力をかけ、中東全体を大きく揺さぶり、文字通り中東を再編できると考えたのである。そしてこのためにもフセインのバース党やスンニ派のエリートたちを一掃し、徹底的にイラクを「民主化」しなくてはならないと説いたのである。

ワームザーはブッシュ政権では国防総省、国務省、次いでチェイニー副大統領室で対中東政策部長として働き、ブッシュ政権の強硬な対中東政策に実質的な影響を及ぼした。

二〇〇七年夏に同政権を去ったワームザーに、念願のインタビューをすることができた。インターネットなどでは、ワームザーはパールと並び「イラク戦争を強硬に煽った悪の権化」のような言われ方をしているが、実際に目の前にしたワームザーは、ずんぐりむっくりで頭は禿げ上がり、地味な眼鏡をかけたいかにも温厚な学者といった佇まいの、謙虚で物腰の柔らかい紳士だった。

「私の理論は当時CIAや国務省が提案していた、イラク軍のエリートによるクーデターという考え方に対するアンチテーゼという意味もあった。CIAや国務省は本質的にイラクの支配構造を変えずに、フセインとその側近だけを排除すればいいと考えていたが、それではイラクの民主化や中東全体の再編にはつながらない。イラクのシーア派に力を与えることこそ中東民主化の第一歩だと考えたのです。もちろん私はこのことでCIAや国務省からは相当嫌われましたけどね」

「イラクのシーア派に力を与える」、すなわち師匠であるアフマド・チャラビに権力を与えてイラクを民主化させるための理論的支柱を、ワームザーはこの本で確立したのである。チャラビを支援するイラク解放法が制定され、この活動を理論的にも正当化する枠組みが一九九九年には確立していたわけである。そしてこの年に、二〇〇〇年の大統領選挙への出馬を表明したジョージ・W・ブッシュが選挙運動を開始し、外交問題のアドバイザーとしてポール・ウォルフォウィッツやリチャード・パールを雇った。

そして二〇〇一年一月にジョージ・W・ブッシュ政権が誕生すると、この「イラク反体制ビジネスの利益集団」に属する多くのメンバーたちが政権入りし、実際の政策を司る立場に就いた。これがブッシュ政権発足当初からイラク攻撃が論じられた背景である。さらにその年の九月十一日に起きた同時多発テロが、彼らの焦点をサダム・フセイン政権にピタリと合わせる絶好の機会を提供したのである。

第3章

イラク戦争の情報操作

「すべてのテロの背後にサダム・フセインがいる」

ニューヨークの世界貿易センタービルに最初の飛行機が激突した二〇〇一年九月十一日の現地時間午前八時四十五分頃、リチャード・パールは南フランスのプロバンス地方にある別荘で、ニューヨークに住む弁護士の友人と電話で話をしていた。

プロバンスは午後の二時四十五分頃だった。その友人から事件の第一報を聞いた後、二機目の飛行機の激突が報じられ、そのすぐ後に今度はブッシュ大統領のスピーチライターの一人デヴィッド・フラムから電話がかかってきた。パールとフラムは後に共著で対テロ戦争に関する本『悪魔の終焉(しゅうえん)』を発表するほど気心の知れた間柄である。

フラムはホワイトハウスから退避して、アメリカン・エンタープライズ公共政策研究所(AEI)にあるパールのオフィスに一時避難していた。このときパールとフラムは、この攻撃に対してブッシュ大統領が演説で、どんなメッセージを世界に発表するべきかについて意見を交わしたという。パールは後にこう語っている。

「私が強調したのは一点だけだった。〝大統領はテロリスト個人と、そのテロリストを支援する国家との区別をしない〟と明言すべきだという点だ。その時点では誰がこのテロを実行したのかについては、さまざまな憶測が飛び交っていたので定かではなかったが、私は長い間、テロリスト個人を追跡するというやり方は賢明ではないと思っていた。テロリストはどこかに隠れてしまうことが可能だが、国家の場合はそうはいかない」

今では有名となったブッシュ大統領の911テロ直後の演説、「テロリストとそれを支援する国家との区別をしない、われわれの側につくのか、それとも敵の側につくのか」というコンセプトの発案者はリチャード・パールだった。そしてその背後には「アルカイダのようなテロ組織の背後には必ずイラクのような国家の支援がある」というパールを中心とするネオコンの長年の主張が埋め込まれていた。

「国家の支援を受けたテロリズムと戦うわれわれのいかなる取り組みも、バグダッドをターゲットに入れなければ意味がない。われわれはビン・ラディンとアルカイダだけに焦点を絞ってしまうのか？　それともより広い意味での『テロリズム』を相手にするのか？」

翌九月十二日に開催された国家安全保障会議（NSC）の席上、ラムズフェルド国防長官は、ブッシュ〝戦時内閣〟の主要閣僚たちにこう問いかけたと伝えられている。911テロ事件発生からわずか四十八時間以内に、ラムズフェルド長官は正式に対テロ戦争の標的をアフガニスタン以外の国にも広げる可能性を取り上げていた。

しかしパウエル国務長官、テネットCIA長官等はイラクに対してこの時点で何らかの具体的な軍事行動をとることに強く反対し、あくまでビン・ラディン、アルカイダとそのスポンサーであるアフガニスタンのタリバンに報復すべきであると反論した。リチャード・クラーク・テロ対策大統領特別補佐官も、「われわれが今イラクを攻撃するのは、まるで日本軍に真珠湾を攻撃された報復にメキシコを侵略するようなものだ」とイラク攻撃の正当性を強く否定した。

ブッシュ政権の国家安全保障チームが、「アフガンかイラクか」の議論を展開する中、イラクのサダム・フセインの転覆を目標に掲げてきた政権内外のネオコンは、一斉に「イラクを攻撃の対象国に入れるべきだ」とのキャンペーンを開始した。911テロは従来の目的であった「サダム・フセイン排除」を実現する上でこれ以上ないチャンスであったし、それだけでなく、ネオコンの中には「サダム・フセインが911テロの真の黒幕である」と、本気で信じる者たちも数多くいたからである。

911テロ事件の三日後に、パールが籍を置くワシントンのシンクタンクAEIで緊急の討論会が開催された。パネリストとしてこの衝撃的なテロ攻撃について論じたメンバーは、元国連大使のジーン・カークパトリック、元下院議長のニュート・ギングリッチ、AEIの研究員でアフマド・チャラビの弟子だったデヴィッド・ワームザー（『暴政の協力者』の著者）、同じくAEIの研究員をつとめるマイケル・レディーンとローリー・ミルロイであった。

ネオコン派の重鎮中の重鎮であるカークパトリックが開口一番「この事件の衝撃の大きさについて」語り、その背景についての説明をミルロイに求めた。

「この火曜日にアメリカに対してなされた攻撃に、ウサマ・ビン・ラディンが関係していることを明確に示す証拠はない。しかしそのことを示唆するような噂は多数出ており、彼が実際に関係しているという結論が出るかもしれない。ここでは彼が関係していると仮定するが、問題とすべきなのは、ウサマ・ビン・ラディンのグループや他のグループが単独でこのような攻撃を行うことができるのかどうか、それともどこかの国家の支援を受けていたのかということだろう。私が言いたいのは、単独犯行というのは非常に困難であり、そのように考えることはほぼ不可能だということだ」

ミルロイが言いたいことは誰の目にも明白だった。「実際に手を下したのはビン・ラディンのグループかもしれないが、その裏で支援をしている黒幕はサダム・フセインのイラクに違いない」ということだった。

ローリー・ミルロイの名を知る日本人はそんなに多くはないだろう。ミルロイはハーバード大学で博士号を取得し、米海軍大学で助教授をつとめ、その後ハーバード大学で政治学部の助教授をつとめたことのある気鋭の政治学者である。この後一九九二年の大統領選挙では「ビル・クリントンのイラク問題担当顧問」をつとめ、ABCニュース、『ニューズウィーク』誌、それにBBCのテロリズム問題のコンサルタントをつとめた。

ミルロイは単なる学者ではなく、自身の国際政治のヴィジョンを実現すべく行動する政治活動家としての側面も持っている。実はこの女性政治学者兼活動家は、八〇年代まではサダム・フセインの熱烈な支持者だった。一九八七年には同僚のダニエル・パイプスと共著で『ザ・ニュー・リパブリック』誌に「イラクを支援せよ」というタイトルの論文を寄稿し、「アメリカはイラン・イラク戦争でより積極的にイラクを支援すべきだ。より高度な兵器、より高度なインテリジェンスを提供すべきである」と主張した。

サダムはイスラエルやアメリカに対しては、他のアラブ諸国に比べてはるかに穏健な態度をとっていたので、サダムのイラクを支援することで、イスラエルやアメリカの安全保障により良い中東をつくることができる、とミルロイたちは考えたのである。そして活動家ミルロイは、実際にサダムのイラクとイスラエルの和平を進めるべく、個人的なコネクションを使って民間外交を展開した。例えばイラクの当時の外相や駐米大使とイスラエル軍の高官との非公式会談を、ハーバード大学で開催したこともあった。

ところが一九九〇年にイラクがクウェートを侵攻すると、ミルロイはその立場を百八十度転換させてしまう。「ローリーはこの事件を聞いて愕然とし、ショックでパニックに陥ったようにさえ見えた」とかつての同僚ダニエル・パイプスは回顧する。そしてローリー・ミルロイは文字通り「一夜にして」強硬な反サダム・フセイン論者になってしまった。

この侵攻後、ミルロイは『ニューヨーク・タイムズ』紙の花形女性記者だったジュディス・ミラーと共著でフセインとイラクに関する本を執筆した。わずか二十一日間で書き上げた「一夜漬け」の本『サダム・フセインと湾岸危機』は大成功をおさめ、同紙でベストセラー一位となり、何と十三ヵ国語に翻訳されて世界中で売り出された。

この成功の後、ミルロイは当時民主党の大統領候補だったビル・クリントンの外交アドバイザーだったマーティン・インディクに頼まれて、中東問題についてクリントンに十五分間だけブリーフィングを行ったことがある。しかしこのたった十五分間は、その後にミルロイが「クリントン候補の中東顧問」として自身をマスコミに売り込むのに十分なくらい長い時間だった。以降、テレビや雑誌のコンサルタントを含めて多彩な活動を展開していくのである。

ミルロイの得意技は、「すべてのテロリズムの背後にはイラクのサダム・フセインがいる」ということを、あらゆる噂や未確認情報などの小さな点と点を結びつけて「証明」してしまうことにあった。その一つが一九九三年に起きた第一次世界貿易センター爆破事件の黒幕がフセインだという説である。クリントン政権の国家安全保障会議（NSC）で中東政策を担当したマーティン・インディクは米国人ジャーナリスト、マイケル・イシコフとデビッド・コーンのインタビューに答えてこう語っている。

「クリントン政権は当時イラクに対してより強硬な政策をとろうと考えていたので、もしこのミルロイの主張が正しければ、強硬策を正当化する格好の材料になると考えた。そこでFBIとCIAに問い合わせて調べてもらったのだ。（中略）ところがこの主張を裏付ける証拠は一切なかった」

それどころかCIAは、イラクが一切かかわっていないことを逆に証明してしまったという。ところがミルロイはそんなことは関係なく自説を展開していく。一九九五年のオクラホマ・シティでの爆破事件も、一九九八年のアフリカの二つの米国大使館の爆破テロ事件も、二〇〇〇年のイエメン沖での米海軍艦船に対するテロ事件も、すべて黒幕はフセインだとミルロイは主張した。「何でもかんでもあらゆることすべてが、サダムと関係していることになってしまった」とかつての同僚ダニエル・パイプスは述べ、公の場でミルロイを批判するようになった。

九〇年代になると、ミルロイは自身の説を裏付ける強力な仲間を得るようになる。INCのアフマド・チャラビである。「サダム・フセインが世界で一番危険な男」であることを米国民に印象付けたいチャラビのグループにとって、ミルロイの主張はこの上なく役に立つものであった。

ミルロイはＩＮＣの非公式のアドバイザーとなり、協力してイラク脅威論を世に普及させる活動を展開していくことになる。

ミルロイがネオコン・グループと合体していくのもこの頃であり、前述したシンクタンク、アメリカン・エンタープライズ公共政策研究所（ＡＥＩ）というネオコン学者のたまり場にミルロイも非常勤の研究員として加わるようになり、彼女の説はネオコンたちの間で圧倒的な影響力を持つようになる。そして二〇〇〇年にはそれまでの「イラクのテロリズム研究」の集大成として、ミルロイはＡＥＩから『サダム・フセインとアメリカの戦争』を出版。その翻訳本は日本でも出版された。

同書の序文は元ＣＩＡ長官のジェームズ・ウルジーが執筆し、裏表紙にはポール・ウォルフォウィッツが推薦文を寄せ、リチャード・パールも同様に同書を推薦した。ミルロイは「はしがき」の中でウォルフォウィッツに対する謝辞を述べ、ジョン・ハンナ、デヴィッド・ワームザー、ジョン・ボルトンやルイス・スクーター・リビーにも謝意を表した。すべて後にブッシュ政権入りするネオコンたちである。

このネオコンの中でも、もっとも熱烈にミルロイの主張を支持した一人がウォルフォウィッツだった。ウォルフォウィッツはブッシュ政権で国防副長官の地位に就くと、ミルロイを同省の「テロリズムとテクノロジー」に関する諮問委員会の委員に任命した。また国防情報局（ＤＩＡ）のトーマス・ウィルソン局長に対して、「彼女の『サダム・フセインとアメリカの戦争』は読んだか」と聞き、同局長が「読んでいない」と答えると、同書の内容をＤＩＡの分析官に検討させるよう命じた。ウィルソン局長は上司の命令どおりにミルロイの本の分析を部下に命じたが、結果はやはりＦＢＩやＣＩＡと同様で「本書の主張を裏づけるような証拠は一切得られなかった」というものだった。

リチャード・クラーク元テロ対策大統領特別補佐官も、ウォルフォウィッツが国家安全保障会議でミルロイの本を取り上げたことを記憶している。アメリカ公共放送サービス（ＰＢＳ）とのインタビューでクラークはこう証言する。

「ウォルフォウィッツはこう言うんだ。『アルカイダは国家の支援を受けているはずだ。なぜなら国家の支援なしにテロをできる組織なんて存在しないからだ。その国家とはイラクをおいて他にはあるまい。ローリー・ミルロイの本を読めばそのことがよく分かるはずだ』と。（中略）これが国防総省でナンバー２の地位にいた人物だよ。彼はＦＢＩやＣＩＡを信用せずに、ミルロイの言うことを信じていたのだ」

情報戦の幕開け

９１１テロ事件の四日後にキャンプデービッドにあるブッシュ大統領の別荘で開催された戦時内閣の閣僚会議に、ラムズフェルド国防長官はウォルフォウィッツ副長官を引き連れて参加した。

「ウォルフォウィッツが参加したと聞いてびっくりしたよ。通常『長官級』会議といわれたら副長官は参加しないからね。私たちはそういう指示には慎重に従うようにしていたから」と述べるのは国務省で副長官をつとめたアーミテージだ。しかし、並み居る長官たちを相手に「副長官」のウォルフォウィッツは、まったく怯むことなく大いに自説を主張した。

「確たる証拠はないが、イラクが911テロに関与している可能性は一〇%から最大で五〇%くらいあるはずだ。テロリスト問題の根底にはいつもイラクが存在するからだ」

ウォルフォウィッツはテネットCIA長官を前にして、CIAが否定するアルカイダ・イラク共謀説を堂々と唱え、すぐにイラクを攻撃すべきであるとブッシュ大統領に進言した。そして「アフガニスタンの場合は泥沼に陥る可能性があるが、それに比べてイラクは簡単にできる」といった主旨の発言をしたという。この会議に参加したオニール元財務長官は後にこう述べている。

「要するに（ウォルフォウィッツは）こう言いたいのだ。大統領、何らかの行動を起こしたいのなら、イラクが手頃ですよ」と。

これに対してパウエル国務長官は、911に反応する形でイラク攻撃をすることに猛烈に反対し、「フセインと911の関連性はない。それではどんどん連合にまとまりつつある諸外国がその流れから跳び下りてしまう」と主張した。このタイミングでイラクを攻撃してしまえば、せっかく国務省やCIAが総力を挙げて取りかかっている「統合戦略」が台無しになってしまう、とパウエルは考えたのである。

国防総省の参加者以外、誰一人としてイラク攻撃を支持するものはいなかった。強硬派のチェイニー副大統領でさえ、「今サダム・フセインを攻撃したら、正義の味方というわれわれの立場が崩れてしまう」と述べて、911への対応としてまずイラクを叩くという案には反対したという。ただしチェイニーはその後イラクに対する深い懸念を口にして、「いずれかの時点でフセイン政権を滅ぼすという選択肢は除外できない」とも付け加えたと記録されている。

ジャーナリストのルス・ホイルが記した大著『イラク戦争への道』によれば、その晩ブッシュ大統領は、ウォルフォウィッツとリビー副大統領首席補佐官を含む少人数のグループと共に暖炉を囲み議論を続け、その中で「これまでに私が目にしたイラクに対する戦争計画には満足できていないのだ」と述べたという。昼間の会議では自分の主張は誰の支持も得ることはできなかったが、この大統領の発言はウォルフォウィッツを勇気づけた。「大統領は既存の計画に不満なだけで、自分やネオコンたちが考えていたイラク侵攻プランを売り込むチャンスは十分にある」との手応えを感じたからである。

そして翌朝、ブッシュ大統領はライス補佐官に対して、「今はイラクはやらない。しばらく先延ばしだ。でもそのうち必ずこの問題に戻ってくることになる」と述べ、まずはアフガニスタンのアルカイダとタリバンに対する戦争を行うことを決意したと伝えた。

一方、キャンプデービッドでブッシュ大統領から得たヒントをもとに、ウォルフォウィッツ等イラク戦争推進派は、イラク戦争を正当化するのに十分な根拠を固めることに取りかかる。そしてその手始めとして盟友ジェームズ・ウルジー元CIA長官を、情報収集のためにロンドンに派遣した。

ジェームズ・ウルジーは元ＣＩＡ長官だが、ＣＩＡよりはむしろ国防総省のネオコンと近く、自分の古巣からは徹底的に嫌われている。ウルジーがＣＩＡ長官をつとめたクリントン政権は、国防やインテリジェンスのコミュニティの間では「冬の時代」と呼ばれている。クリントン大統領は、歴代大統領の中で最も安全保障に対する関心が低く、国防総省やＣＩＡとは疎遠で、ウルジーも大統領との個人的な関係を築くことができなかった。こうした背景もあって、同政権では国防予算や情報活動関連の予算が大幅に削減され、ＣＩＡの工作部門は三〇％も予算をカットされ、海外支局の工作員たちも大幅にリストラされた。多いところでは工作員の人員が最大で六〇％も削減されたというから、目を覆うような戦力ダウンである。

しかも悪いことに、ウルジーはもともと技術情報を重視し、人的情報（ヒューミント）を軽視する傾向が強かったため、予算削減圧力が強まる中で、衛星、盗聴、無人機開発などの技術情報を優先させ、工作員の大幅なリストラを推進したのである。

ＣＩＡの中では何と言っても工作員を管理する工作部門が花形であり、伝統的に分析部門よりも工作部門が優遇されてきた歴史がある。ハイテク諜報を贔屓（ひいき）したウルジーはこの伝統を打ち壊し、ＣＩＡの弱体化を加速させた長官として、「エージェンシー」の中ではすこぶる評判が悪いのである。しかもブッシュ政権ではラムズフェルド国防長官直属の諮問機関「国防政策委員会」の委員をつとめ、同委員会委員長のリチャード・パールと共に対イラク強硬政策を助言し続けた。

さらにウルジーは、ＣＩＡとは関係の悪いアフマド・チャラビ率いるＩＮＣと利害関係が一致していた。ＩＮＣはイラク解放法に基づいてアメリカ政府から受け取る支援金の管理・運営を行うために、「イラク国民会議支援財団（ＩＮＣＳＦ）」を設立していたが、ウルジーがＣＩＡ長官を辞めた後に共同経営者となったワシントンの法律事務所シェイ・アンド・ガードナー社が、同財団の法的な手続きなどの事務的業務をうけおっただけでなく、ウルジーは同財団の事務部長も兼務した。ウルジーはつまり、チャラビを中心とする「イラク反体制ビジネスの利益集団」の一員となっていたのである。

また前述したように、ウルジーはローリー・ミルロイの『サダム・フセインとアメリカの戦争』に序文を寄稿したように、ミルロイの「サダムがすべてのテロの根源」説を固く信じていた。

サダム・フセインと９１１テロの関係を調べるためにロンドンに派遣されたウルジーは、イギリスの情報機関や治安当局に対して「ミルロイの説を裏づけるような情報がないか」どうかを聞いて回ったが、得られた回答はかつてＣＩＡやＦＢＩが聞いたものと同じ、すなわち「ミルロイの主張は誤り」というものだった。

ペンタゴンに設置された「チームＢ」

ウルジーをロンドンに派遣してから数週間後、ウォルフォウィッツ国防副長官は、ダグラス・ファイス政策担当国防次官の下に「対テロリズム評価グループ（ＰＣＴＥＧ）」を設置した。ファイスが後に自著『戦争と政策決定』で明らかにしたところによると、ＰＣＴＥＧの任務は、「全てのインテリジェンス文書を見直し、再度検討し直して要約し、対テロリズム戦略や政策の立案に役立てること」であった。「既存のインテリジェンスを政策立案者の立場から分析し直すことは、政策立案スタッフが日々要求することであり、何ら特別なことではない」と述べている。

ファイスはこの任務のために、デヴィッド・ワームザーとマイケル・マルーフを雇い入れた。ワームザーは前章で触れた通り海軍出身の中東専門家で、ネオコン派のフセイン政権打倒の理論的支柱となった『暴政の協力者』を書いた人物である。またマルーフはレーガン政権時にリチャード・パールの下で兵器の拡散や国際犯罪のネットワークの調査、軍備管理や輸出規制を担当したペンタゴンのＯＢである。ワームザーもパールの弟子であり、『イラク戦争のアメリカ』を書いたジャーナリストのジョージ・パッカーは、「すべての道はパールに通じている」と評している。

ファイスは自著の中で、ＰＣＴＥＧの活動を、「どの政策担当者もやっていることに過ぎない」と些細な問題であるかのように扱い、〝ウォルフォウィッツ等ネオコンたちがＣＩＡの情報分析に不満だったためにこの「秘密のインテリジェンス部門」を新設した〟などというのは、ジャーナリストが作り上げた「伝説」に過ぎないと述べている。またＰＣＴＥＧの情報源についても、「既存のインテリジェンス機関から入手したもの」だけだという点を強調し、チャラビのＩＮＣとの関係については一切触れていない。

しかし実際にＰＣＴＥＧのメンバーだったマイケル・マルーフは、ＰＢＳとのインタビューで次のように語っている。

「ラムズフェルド長官は、テロの問題にどう対処すべきなのかに関してそれまで受け取った政策提言に満足していなかったため、もう一度情報を検討し、私自身が最適と考えるアプローチや提言を作って欲しいとペンタゴンの友人を通じて依頼してきた」

要するにペンタゴン上層部はそれまでCIAやDIAから上がってきていたインテリジェンスやそれに基づく政策提言に満足できなかったために、新しいスタッフを任命して情報分析と政策提言をさせたというわけである。

「われわれは、米国政府がテロ組織や組織同士の関係、各テロ組織とアルカイダの関係だけでなく、国家スポンサーとのつながりをどの程度把握しているのかを確認するために、極秘の情報システムの中に足を踏み入れたのだが……。実際にはこうした問題についての完成された報告書はほとんど存在しなかった。（中略）ほとんどの情報は生情報のままで、分析がなされていない状態だった。しかし政策立案者が必要としているのは、分析（されたインテリジェンス）であり生情報ではない」

マルーフはこう語っている。そしてワームザーと二人で「新しい視点」で生情報を分析し直して「インテリジェンス」に仕上げたというのである。この「新しい視点」とは、ミルロイが提唱してきた「アルカイダや他のテロ組織の背後にイラクがいるのではないか」という仮説であったことは間違いない。マルーフと共にＰＣＴＥＧで分析作業を行ったワームザーは次のように証言する。

「ＣＩＡは初めからアルカイダとサダム・フセインは敵対関係にあったから協力するはずはないという前提で情報分析をしていた。シーア派のイランとスンニ派過激派のアルカイダも協力するはずがないという思い込みを強く持っていた。しかし実際にはそのような単純なものではなくて両者はさまざまなネットワークで繋がっていた。われわれはそれまでのインテリジェンス・コミュニティの『前提』にとらわれずに、『新しい視点』で分析をしたのだ」

もちろんワームザーやマルーフは、「フセインとアルカイダは関係がある」という別の前提で分析をしていたわけで、「ものは言い様」である。この二人の師匠にあたるリチャード・パールがＰＢＳとのインタビューで次のように述べているのも興味深い。

「非常に短期間で彼ら（ワームザーとマルーフ）は、それ以前に誰もが理解していなかった〝繋がり〟を見つけ出したのだ」とパールは得意げに語った。これに対してＰＢＳのインタビュアーが、「ＣＩＡやＤＩＡができなかったことを何でこの二人ができるのかについてどのような説明ができるのでしょう」と誰もが考える質問を投げかけると、

「なぜならＣＩＡとＤＩＡは（そのような繋がりを）探していなかったからさ。彼らはこのような可能性を丸ごと全部排除していたのだ。それが彼らが考えていた理論に合わなかったからという理由で。いいかい、もし君が道を歩いているとしよう。もしその道にある隠された宝物を探していなかったら、もしその道を歩いていても見つけられないだろう。でももしそれを探していれば、何かを見つけるかもしれない。この場合、ＣＩＡやＤＩＡはそもそも探していなかったということだよ」

と明快に答えている。

こうしてPCTEGは、「短期間で」アルカイダとイラクの繋がりを示す「インテリジェンス」報告を次々に作成していくわけだが、CIAを中心とするインテリジェンス・コミュニティは、ペンタゴンのPCTEGに激しい敵意を剝き出しにする。「コミュニティ」からすれば、ネオコンの意を受けた「チームB」がそれまでの分析にケチをつけ、ネオコンの政治目標に合うように分析を捻じ曲げようとしていると映ったのである。

CIAの分析官を長年つとめ、二〇〇〇年から二〇〇五年までは中東担当の国家情報官をつとめたポール・ピラーは、インテリジェンス・コミュニティを代弁して次のように反論している。

「国際テロリズムの闇の世界では、あらゆる人が誰かと〝繋がる〟ことが可能だ。もしその証拠集めにそれなりの時間さえかければ、〝偶然に接触した〟、〝ほぼ同時に名前が言及される〟、〝同時期に同じ場所にいたとされる兆候がある〟などの情報を見つけることは可能である。そしてそのような（可能性としては）最も小さな兆候や、単なる状況証拠のようなものでも、〝関係や繋がり〟を示す証拠として取り上げることができる。その場合、その〝証拠〟とされるものが、ある国家が特定のテロ組織を支援していることを本当に証明するものなのかどうかといった問題や、〝関係〟があるといってもそれが競合的なものや不信感に満ちたものであって必ずしも協力的ではないこともあり得るが、そのような大きな文脈も無視されることになる」

CIAを中心とするインテリジェンス・コミュニティは、こうした可能性も考慮した上で、より大きな文脈からイラクとアルカイダの関係を分析してきたわけであり、そのような正攻法の情報分析の担い手からすると、ＰＣＴＥＧの「初めから結論ありき」の分析はもっとも受け入れがたい手法だったのだろう。

「われわれはすぐにインテリジェンス・コミュニティからの抵抗を受けるようになった。彼らは、自分たちの仕事があと知恵で批判され、われわれの監視を受けるようになるという印象を持ったのだろう。すでに初期の段階から凄まじい敵意が生じたことを私は非常に残念に思っている。（中略）ＣＩＡはわれわれが要求した情報を一切提供することを拒み、われわれの活動を妨害した」

とマルーフは証言している。彼の相棒であったワームザーも、

「ＣＩＡのわれわれに対する敵意は凄まじかった。われわれは彼らと敵対する気は全くなかったし協力したいと申し出たのだが、相手にしてもらえなかった。なぜだか分からないが、彼らはわれわれが〝イスラエルに近い〟、または〝ＩＮＣとの関係が深い〟という理由から異常なほど警戒心を抱いていたように思う」

と語っている。かつてのチームＢのメンバーで、そもそもＣＩＡよりもローリー・ミルロイを信用するウォルフォウィッツが設置したのがＰＣＴＥＧである。そのメンバーはＣＩＡが毛嫌いするチャラビのＩＮＣの強力な支援者であるパールの弟子たちであった。ＣＩＡがＰＣＴＥＧのマルーフやワームザーに友好的になれ、と言う方が無理というものだろう。ＰＣＴＥＧはすぐに特別計画室（ＯＳＰ）にとって代わられるが、ＣＩＡの敵対姿勢に何ら変化はなかった。ＯＳＰの室長にはウォルフォウィッツの大学時代からの旧友でこれまたパールのかつての部下であった

エイブラム・シャルスキーが就任したからである。

しかもPCTEGやOSPが、ワームザーが主張するように既存のインテリジェンス・コミュニティに本当に協力的な態度だったのかどうかも疑問が残る。ジョージ・テネットCIA長官の自伝にはどのように書かれているのだろうか。

「(ダグラス)ファイスのチームは生情報をふるいにかけて、われわれが見過ごしていると彼らが思っている事柄についてわれわれに説明をしたがった。問題は、彼らが一見分析家の役割を演じているかのように見えるものの、そのために要求されるプロとしての技能や規律を何一つ持っていないように見えたことだった。ファイスと彼のグループは、彼らの信じていることを証明するような小さな塊を見つけてはそれに飛びついて、彼らが見過ごしているより大きなピクチャーが存在するということを一向に理解しようとしなかった。一つ一つの孤立した点が彼らにとって非常に重要なものになってしまい、それとはまったく反対の説明を可能にするような他の何千といったデータがあるにもかかわらず、そうしたデータを決して見ようとしなかったのである」

テネットはファイスたちのグループの活動をこのようにかなり激しい口調で酷評している。また、ファイスのチームが「イラクとアルカイダの関係」に関してプレゼンテーションをした際に、その女性の報告者が、「イラクとアルカイダの関係についてはもはやこれ以上の議論は必要なくなるでしょう」、「それについては一目瞭然であり、もはやこれ以上の分析は必要ないでしょう」と傲慢な口調で話し始めたことを腹立たしげに記している。

「その一つのスライドにはイラクとアルカイダが成熟した共生的な関係にあると書かれていた。

これは間違いである。成熟した共生的な両者の関係を示唆するインテリジェンスなど一つもなかった」とテネットは続ける。

「ファイスのチームはホワイトハウス、NSCそして副大統領室を次々に回り、このときと同じようにわれわれから見れば根拠の貧弱な話を説いて回っていた。彼らはさらに、『インテリジェンス・コミュニティの情報評価のやり方の根本的な問題点』というスライドまでつけ加えていた」と記している。

911テロの背後にイラクのサダム・フセインがいるという彼らの「信仰」を裏付ける証拠を見つけるため、ネオコンは国防総省のダグラス・ファイス次官の下に「チームB」を設置して独自の情報分析を行い、CIAを中心とするインテリジェンス・コミュニティに正面から喧嘩を吹っかけていたのである。

この「チームB」の存在を最初にスクープしたのは『ニューヨーカー』誌の大物ジャーナリスト、セイモア・ハーシュだった。ハーシュはファイス傘下のOSPがイラク戦争を正当化するための情報分析を行い、その分析をペンタゴン上層部やチェイニー副大統領室に直接報告する情報のチャンネルができていることを詳細に報じた。つまり、既存のインテリジェンス・コミュニティを通じた情報収集、分析そして政策立案者への報告という流れとはまったく別のインテリジェンスのルートができていることに警笛を鳴らしたのである。ハーシュはまた、OSPの下にチャラビのINCから真偽の定かでないさまざまな情報が舞い込んでいたことも指摘している。INCは、ブッシュ政権内部の同盟者に対して「イラクのサダムが脅威である」ことを示す情報をたれ流した。そしてその一方で、政権外でも大々的な反フセイン情報キャンペーンを展開した。

チャラビをめぐる内紛

アフマド・チャラビ率いる亡命イラク人組織・イラク国民会議（ＩＮＣ）が九〇年代末にＣＩＡと仲違いをしていたことは前章でも触れた。アメリカのジャーナリスト、マイケル・イシコフとデヴィッド・コーンは、二〇〇六年に発表した力作『傲慢』の中で、ＣＩＡの元ベテラン工作員でＩＮＣを担当したジョン・マクガイアとのインタビューを基に、ＣＩＡとＩＮＣの決裂の模様を記している。

それによるとマクガイアはイラク北部のクルド地区にあるＩＮＣのオフィスを抜き打ちで訪れ、その活動実態を実地で調査した。反体制派の活動を支援するための新聞を発行しているとされる事務所を訪れると、ＩＮＣの職員が二人「事務所にはいた」が、新聞は発行されていなかった。ラジオ局も同様で事務所と電波塔だけは立派に建っていたものの、ラジオ放送は一切行われていなかった。一九九六年一月に、憤慨したマクガイアはロンドンでチャラビと対面し、それまでにＣＩＡが支払った資金の使途を示す経理書類の提出を求めて、「お前は嘘つきだ、われわれを騙し続けるな」と食ってかかった。これに対してチャラビは不意を突かれたものの「貴様とはやっていけない」と逆にマクガイアを非難したという。

マクガイアがＩＮＣに不審を抱いたのにはもう一つ理由があった。イランとの関係があまりにも緊密だったことである。チャラビはイランの首都テヘランに連絡事務所を置き、ＩＮＣ関係者は頻繁にイランを訪問していた。ＣＩＡは特にチャラビの側近の一人アラス・ハビブがイラク北部でイランの情報機関ＭＯＩＳの職員と接触している事実を掴んでいた。マクガイアはジャーナリストのイシコフとコーンに対して、「ハビブがイランの情報機関から指示を受け、ＣＩＡ工作員の身元情報やらアメリカの中東地域における計画などの情報をイラン側に渡していた」ことを明らかにしている。そして九〇年代後半までにＣＩＡは、アラス・ハビブを「イラン情報機関のエージェントの可能性有り」と結論づけ、一九九六年末に正式にチャラビとの関係を切ったのだという。

しかしそれにもかかわらず、チャラビは今度はウォルフォウィッツやパールそしてシンクタンクＡＥＩなどの助けを借りて米議会に取り入り、イラク解放法の制定に漕ぎ着けて、まんまと米政府から九千七百万ドルの支援を勝ち取ってしまったのである。この資金は米国務省を通じ、ＩＮＣの「情報収集プログラム」を支援するという名目でチャラビたちの懐に流れ込んだ。

チャラビたちはこの資金を使ってイラクからの亡命者を受け入れ、もしくはイラク人亡命者を世界中で探し、そこから得た情報をその真偽にかかわらず、アメリカの情報機関やペンタゴンのＯＳＰ、それに欧米のニュースメディアに流したのである。

米国務省でＩＮＣに対する資金援助プログラムを統括した責任者は、アーミテージ副長官だった。ＩＮＣの事実上の管理者になったアーミテージは、チャラビたちの活動内容を把握するためにも、会計報告の提出を義務づけた。

「私は何も一セントに至るまで詳細な領収書を持ってこいと言ったわけではない。どんなことに使われているのか大枠でいいから把握しておきたかったし、そうすることが税金を支払っている米国民に対する義務だからね。ところがチャラビは一切の会計報告の提出を拒否したんだ。だから私がこの資金援助プログラムの実施を中断させた」

実はこれ以外にも国務省は、チャラビたちの情報収集プログラムがどの程度役に立っているのかの評価をＣＩＡに依頼した。ＣＩＡが「ＩＮＣの情報はまったく役立たず」の評価結果を下したこともあって、国務省はＩＮＣに対する資金援助をストップしたわけである。この国務省の決定にネオコンは激怒し、「ウォルフォウィッツとアーミテージは電話越しに怒鳴りあった」という。結局このＩＮＣのプログラムは国務省から国防総省に移管されることとなり、ウォルフォウィッツの指示で国防情報局（ＤＩＡ）の管理下に置かれることになった。

こうしてブッシュ政権内でＩＮＣの管理をめぐる省庁間のぶつかり合いが激しくなる一方、ＩＮＣはメディアを通じた情報発信で次々に大成功をおさめていた。

デタラメ情報に踊らされた一流メディア

９１１事件以降、ＩＮＣはイラクの大量破壊兵器開発やテロリストとの「繋がり」に関するセンセーショナルなストーリーを、彼らが管理するイラク人亡命者をメディアに紹介することで、巧みに国際的なメディアのネットワークに乗せることに成功していた。

二〇〇二年六月にＩＮＣは過去八ヵ月間の「営業結果」の一覧リストを議会に報告した。それによると米政府が支援する「情報収集プログラム」の下で、彼らの「製品」を百八の英語メディアによる報道の中に売り込むことに成功したという。ＩＮＣの紹介で怪しげなイラク人亡命者に「取材」し、まんまとイラク脅威論を世界に宣伝することに協力してしまったメディアは、『サンデー・タイムズ（ロンドン）』、『ヴァニティ・フェア』、『タイム』、『アトランティック・マンスリー』、ＮＰＲ放送、ＣＮＮ放送、ＦＯＸニュース、『ニューヨーカー』、『ニューズウィーク』、『ナショナル・レビュー』、『ウィークリー・スタンダード』、ＡＰ通信社、『ワシントン・ポスト』や『ニューヨーク・タイムズ』など、保守系から左派・リベラル系までメジャーなメディアをほぼ網羅している。

ＩＮＣが売り込んだイラク人亡命者の中でも最も宣伝効果の高かったのが一九八二年から九二年までイラク軍の大尉だったサバーハ・ハリーファ・フダイダ・アル・ラーミー（Sabah Khalifa Khodada al-Lami）であろう。アル・ラーミーはバグダッドの南にあるサルマン・パクというところにある秘密のテロリスト訓練施設で働いていたと証言して話題を呼んだ人物である。

ＩＮＣはまずアル・ラーミーをジェームズ・ウルジー元ＣＩＡ長官に紹介し、ウルジーは彼をペンタゴンのネオコンの友人たちに紹介し、彼らの情報源とするように提案した。アル・ラーミーをウルジー経由で米政府に紹介する一方で、ＩＮＣはこのイラク人を大手メディアに売り込んで回った。するとたちまち彼の語るストーリーが米メディアを通じて世界に発信されるようになった。

アル・ラーミーの話を最初に引用したのは、『ワシントン・ポスト』の有名なコラムニスト、ジム・ホーグランドであった。二〇〇一年十月十二日付の同紙のコラムに、ホーグランドはアル・ラーミーの主張をそのまま紹介した。

「チグリス・ユーフラテス地域独特の魅力ある微笑を浮かべるソフトな語り口のアル・ラーミー氏は、彼のいたバグダッド近郊のサルマン・パクで行われていた航空機のハイジャックや暗殺訓練の詳細について徐々にだが私に説明し始めた」

続く十月十四日には『ニューヨーク・タイムズ』とPBSテレビが共同でアル・ラーミーにインタビューを行い、二十七日付の同紙は一面で「イラクのサルマン・パクにある訓練キャンプでイラク人以外のアラブ人がテロ訓練を受けている」と報じ、「イラク人以外のアラブ人」すなわちアルカイダのテロリストたちがイラクで訓練を受けていることを強く示唆する記事を発表した。

さらにPBSはドキュメンタリー番組「フロントライン」でアル・ラーミーのインタビューを放映。アル・ラーミーは「サルマン・パクでなされている全ての訓練はアメリカの権益をターゲットにしている」と述べ、〝911事件にもこのキャンプで訓練を受けたテロリストたちが関わっていた〟との衝撃発言をした。

「保証しよう。この作戦はサダムに訓練をされた人々によってなされたものだ。（中略）ウサマ・ビン・ラディンにはそんな能力はない。なぜかって？　なぜならこの種の攻撃はイラクのように能力を有する国家によって組織されない限り不可能だからだ。高度な訓練を提供できる国家、そのような訓練をするための高度なインテリジェンスを提供できる能力のある国家でなければできないからだ」

まるでローリー・ミルロイが話しているかのような、ネオコンにとっては完璧なストーリーがアル・ラーミーの口から語られた。ちなみに現在ＰＢＳのウェブサイトでこのインタビューの全文記事を見ると、「編集者注」がついており以下のように記されている。

「アメリカによるイラク侵攻から二年以上が経過しているが、このアル・ラーミーのサルマン・パクでの活動の主張を裏付ける証拠は一切出てきていない。実際アメリカ政府は今ではサルマン・パクはイラクの対テロ部隊が対ハイジャック訓練を行うために使用していた可能性が最も高いと結論づけている。この番組でインタビューした彼（アル・ラーミー）および他のイラク人亡命者たちは、イラク国民会議（ＩＮＣ）というサダム・フセインの転覆を目的として活動していた反政府勢力によってフロントラインに紹介されたことも付記しておかなくてはならない」

淡々と記されているものの、チャラビのプロパガンダ・マシーンに「してやられた」ＰＢＳの悔しさが滲み出た、味わい深い「編集者注」と言えよう。

アル・ラーミーに続いてチャラビがプロデュースし「大ヒット」させたイラク人亡命者にアドナーン・イフサーン・サイード・アル・ハイダリー（Adnan Ihsan Saeed al-Haideri）がいる。四十三歳のクルド人であるアル・ハイダリーは、「フセイン政権の大量破壊兵器開発に関与した」と自ら主張する科学者であり、亡命してからは盛んに「生物、化学そして核兵器をフセインの命令で密かに地下の井戸に埋め、個人の別荘に隠し、病院の地下に隠した」などと証言していた。

アル・ハイダリーは二〇〇一年中ごろにイラクからシリアに脱出し、そこでＩＮＣのスタッフと落ち合いすぐにタイに飛んだ。ＩＮＣはタイのホテルでアル・ハイダリーに対して魅力的なストーリーの話し方、ジャーナリストの質問に対する答え方など、一連のメディア対策の訓練を施した。彼らは同時に国防情報局（ＤＩＡ）に対して「大きな魚を捕まえた」ことを知らせ、ＤＩＡは一応手順に則ってＣＩＡの嘘発見器のテストをアレンジした。

ＣＩＡが二〇〇一年十二月十七日、このイラク人亡命者に嘘発見器のテストを行った結果、彼の発言は、「アメリカ滞在のためのビザを得るためのまったくのでたらめである」と断定した。それにもかかわらず、ＩＮＣは、このイラク人科学者を、イラク脅威論を売り込むための絶好のプロパガンダの道具として育てていく。

ＩＮＣのワシントン事務所で働くフランシス・ブルークは、このアル・ハイダリーを使ったメディアキャンペーンの目的は、「アメリカに圧力をかけてイラクを攻撃させ、サダム・フセイン政権を転覆させることだった」と明確に述べている。そしてチャラビは、「アル・ハイダリーの特番をつくらないか」とオーストラリアのフリージャーナリスト、ポール・モランに持ちかけた。モランはこれまでもたびたびＩＮＣのプロパガンダに協力したことがあった。

チャラビはまた『ニューヨーク・タイムズ』の大物記者ジュディス・ミラーにも接触した。ミラーはかつての湾岸戦争時にローリー・ミルロイと一緒に『サダム・フセインと湾岸危機』を書いた自称「イラク専門家」であり、ルイス・スクーター・リビー副大統領首席補佐官と親しい関係を築いており、これまでもＩＮＣのために記事を書いたことがあった。ミラーはＩＮＣの誘いに快く応じ、バンコクまで飛びアル・ハイダリーへのインタビューを行うことを約束した。『ニューヨーク・タイムズ』という国際世論に絶大な影響力を持つメディアの一角を切り崩したことで、チャラビのプロパガンダ作戦はピークを迎えた。

タイでのインタビューの直後、二〇〇一年十二月二十日、『ニューヨーク・タイムズ』紙の一面に「イラク人亡命者が少なくとも二十ヵ所の秘密の武器庫での仕事を暴露」と題するミラー記者の署名入り「スクープ記事」が躍ったが、その背景にはこうしたINCの暗躍があった。ミラーはこの記事で、「アル・ハイダリーは地下施設、個人の別荘やサダム・フセイン病院の地下室の改修工事に携わり、生物、化学、核兵器の秘密貯蔵施設の建設に一年前までかかわっていた」とアル・ハイダリーの発言をそのまま紹介し、続けて「この証言はブッシュ政権内でフセインは政権から追放されるべきだと主張するグループに強力な武器を与えることになろう」と書き、その後のネオコン派の躍進をも予測した。

後に『ニューヨーク・タイムズ』自身が「この報道は誤報だった」として、なぜこのような誤った報道をしてしまったのかを検証する特集を組んだ。しかし、当時は日本のメディアもそろって「米紙が報道」という形でこのミラーの記事を紹介し、イラク大量破壊兵器の脅威を日本で煽り立てる役割を果たしていた。

当時、『ニューヨーク・タイムズ』という権威のある新聞が、イラク大量破壊兵器の脅威を「スクープ」したことは、メディア業界をその方向に引っ張る力を持っていた。この記事に続き、オーストラリア放送が、モランの映したアル・ハイダリー・インタビューを放送。チャラビ・プロデュースのプロパガンダ第二弾である。この後、世界中のメディア各社が負けじと「フセインの脅威」を煽る記事を書き、国際世論を誘導していった事実はわれわれの記憶に新しい。

情報操作の仕組み

こうして政権外で、チャラビのINCがイラク戦争を後押しする情報キャンペーンを展開する一方、ホワイトハウスもイラクに焦点を絞った広報活動に本腰を入れ始める。二〇〇二年夏のことである。この頃ホワイトハウスに新設されたのは、その名も「ホワイトハウス・イラク・グループ（WHIG）」で、イラク戦争に対する国民世論の支持を喚起する広報作戦を展開することが主な役割だった。このチームの責任者はホワイトハウスのアンドリュー・カード首席補佐官で、コンドリーザ・ライス国家安全保障問題担当補佐官、彼女の副補佐官をつとめるスティーブン・ハドリー、ルイス・スクーター・リビー副大統領首席補佐官、ホワイトハウスの広報部長だったカレン・ヒューズ、大統領スピーチライターのマイケル・ガーソン、そして政策担当補佐官のカール・ローブがそのメンバーであった。

責任者のカード補佐官は、二〇〇一年九月七日付の『ニューヨーク・タイムズ』で、「マーケティングの観点から言えば、八月というのは新製品を発表するのには適していないだろう？」とあっけらかんと述べて、ホワイトハウスが「イラク戦争のマーケティング」をその年の九月に開始することを宣言していた。ちょうど九月十一日には911テロの一周年という大イベントが控えていたので、米国民の対テロ戦争に対する関心と愛国心が否応なしに高まるこの９１１一周年に向けて、「新製品」の促進キャンペーンが開始されたのである。

口火を切ったのはディック・チェイニー副大統領だった。九月八日に人気番組の「ミート・ザ・プレス」に出演した副大統領は、「サダムは実際生物兵器の製造とその攻撃能力を増強させており、核兵器を開発するプログラムを再構築させている。イラク国内でこうした能力を著しく増強させる計画が進行している……」と、いつもの低く落ち着き払った説得力のある語り口で断言した。そしてその証拠とばかりに「今朝の『ニューヨーク・タイムズ』にこの話が出ている」と述べた。

メディアはメディアで、９１１一周年に向けてテロ、アルカイダそしてイラク関連の記事を連日報じていた。そしてその中でもパワフルなスクープが、この九月八日の『ニューヨーク・タイムズ』の一面を飾っていた。

「米政府高官が証言、〝フセインが核爆弾の部品を捜し求める努力を重ねている〟」と題した長文の記事で、執筆者はマイケル・ゴードンとジュディス・ミラーだった。すでにＩＮＣから紹介されたイラク人亡命者とのインタビューを下にスクープを出していたミラーが、またしても衝撃的なイラク大量破壊兵器開発の疑惑を暴いたのである。

「過去十四ヵ月間、イラクは数千個におよぶ特別に設計されたアルミ管を購入しようと努めてきた。これは米政府高官がウラン濃縮のための遠心分離機に必要な部品ではないかと信じている。（中略）そのアルミ管の直径、厚さや他の規格から、アメリカの情報専門家は、それらがイラクの核開発計画に用いられるものであるとの疑いを強めており、最近の動きとしては数ヵ月前にこのアルミ管の購入がなされている。（中略）かつてイラクの核開発計画に参加していた亡命イラク人は米政府高官に対して、核兵器の獲得は再びイラクの最優先課題になっていると証言している……」

そしてゴードンとミラーは次のように結論づけた。

「強硬派たちは、一九九一年の湾岸戦争でイラクが敗北する前にアメリカの情報機関がイラクの核開発計画のペースやその規模を過小評価していたことに警戒感を強めている。この過去の過ちを十分意識して、強硬派たちは、『ワシントンは情報分析官たちがフセインの核兵器獲得の〝確たる証拠〟を発見するまで待つべきではない』と主張している。『動かぬ証拠』の最初の兆候が『きのこ雲』になってしまうかもしれないからだ、と彼らは主張している」

この記事を丁寧に読んでみると、情報源はほぼ「匿名の米政府高官」とイラク人亡命者だけである。ジャーナリストのマイケル・イシコフとデヴィッド・コーンは、この記事で初めて用いられた「動かぬ証拠」と「きのこ雲」という言葉の組み合わせが、この記事が発表される三日前にホワイトハウスのＷＨＩＧの会合で話し合われていたことを突き止めている。「匿名の米政府高官」がＷＨＩＧのメンバーだった可能性は極めて高い。特にリビー副大統領首席補佐官とミラーは親しい関係だったので、このラインを使ってＷＨＩＧの広報作戦が展開された可能性は十分にある。

このゴードンとミラーの記事が大反響を呼んで以来、ブッシュ政権の高官たちは「イラクの脅威は差し迫ったものであり、すぐに対処しなければならない」ことを米国民に訴える際にこの「動かぬ証拠」と「きのこ雲」のフレーズを繰り返し使うようになる。十月七日にはブッシュ大統領までこう語った。

「アメリカはわれわれに向けられている脅威を無視してはいけない。差し迫った危機を示す明確な証拠に直面して、われわれは最終的な証拠、動かぬ証拠が出てくるまで待つわけにはいかない。なぜならそれはきのこ雲という形で現れるかもしれないからだ」

二〇〇二年九月以降、ホワイトハウスを中心に情報操作のサイクルがぐるぐると回りだしていることが分かるであろう。アフマド・チャラビのINCがイラク人亡命者やそこから得られた情報を国防総省のネオコン派が仕切るOSPや『ニューヨーク・タイムズ』のジュディス・ミラーなどの著名なジャーナリスト、コラムニストの下に持ち込む。ブッシュ政権内部ではこうした情報がOSPから副大統領室やホワイトハウスのWHIGにあげられる。ミラーなどのジャーナリストたちはINC情報の信憑性についてOSPやWHIGから「確認」を取り記事として発表する。するとWHIGはそうした記事を引用してさらに広報活動を展開する。

こうして米国民の間で「イラクの脅威は差し迫ったものである」という「認識（パーセプション）」が知らず知らずのうちに固定化されていき、ブッシュ政権のイラクに対する強硬姿勢、そしてイラク戦争を支持する土台が築かれていったのである。

そしてこうした文脈の中で、イラク大量破壊兵器をめぐる情報分析の大失敗というアメリカのインテリジェンス史上最悪の大惨事が起きたのである。

第4章

国連演説に仕込まれたウソ情報

共和党重鎮たちからの警告

ホワイトハウスが二〇〇二年九月から大々的なPRキャンペーンを始めたのには、もう一つ理由があった。対テロ戦争の次のターゲットをイラクに向け始めたブッシュ政権に対して、政権与党である共和党の重鎮たちから「待った」が掛けられるようになったからである。

共和党内の重鎮、とりわけブッシュ・シニアの政権で要職に就いた人たちの中には、チェイニー副大統領やラムズフェルド国防長官、その周辺に集結するネオコンに対して、非常に批判的な考えを持つ人たちが多くいた。

この重鎮たちは、伝統的な英米外交のバランス・オブ・パワー（勢力均衡）を重んじ、国際秩序の「安定」や「現状維持」を保ちながら国際関係を管理していくという考え方を持っており、外交の専門用語では「リアリスト（現実主義者）」と呼ばれている。彼らリアリストにとって、フセイン政権を軍事力で滅ぼしてしまえば、非常に微妙なバランスで成り立っている中東の勢力均衡が崩れ、地域全体が大変な混乱状態に陥ってしまうリスクの方が大きいと考えられた。そのため、湾岸戦争ではあえてフセイン政権を潰さずに残し、サウジアラビアなどの穏健アラブ諸国に対しても、その政治体制が民主的ではなかったとしてもいちいち目くじらを立てず、そっと「現状維持」を保とうと考えるのである。

「ネオコン」を自任するハドソン研究所のケネス・ワインスタインは、「このような『安定』を第一に考えるリアリストたちの外交の結果が911だった」として重鎮たちを痛烈に批判する。「われわれがあのテロ事件で学んだのは、これまでアメリカが支えてきた中東の独裁者や非民主的な体制が、実は国内では反米主義を煽り、危険なイスラム過激主義を増長させていたという事実だ。親米政権だと思っていたら、国内でビン・ラディンのような反米過激主義者を増産するような体制ばかりになっていた。だから中東に自由と民主主義を導入して地域全体を再編することがアメリカの安全保障上の重要課題になったのだ。イラクの体制転換はその第一歩だ。リアリストたちは時代が変わったことに気づいていない」

現状維持と安定を優先させる慎重派の重鎮たちと、その「現状」を「イラクの体制転換」を皮切りに打開し、中東変革まで視野に入れるネオコンの世界観は、水と油ほども違っていた。ブッシュ政権内部では、パウエル率いる国務省とCIAが慎重派の考え方に近くイラク戦争には消極的だったが、ネオコン派の勢いは日を追うごとに増し、イラク戦争へ至る道を一気に駆け降りようとしているかのようだった。

重鎮の中で、エスカレートするイラク侵攻論に「待った」をかけるべく口火を切ったのは、ブッシュ・シニア政権で国家安全保障問題担当大統領補佐官をつとめ、ブッシュ・シニアの親友でもあるブレント・スコウクロフトだった。

同氏は八月十五日付の『ウォールストリート・ジャーナル』紙に、「サダムを攻撃するな」と題したコラムを寄稿し、「サダム・フセインが攻撃的な独裁者であり中東地域の不安定要素であるため、彼を権力の座から引きずり下ろすことはアメリカの利益にかなう」としながらも、サダムと、テロ組織や９１１攻撃を結びつける情報は不十分であり、「サダムのゴールは、われわれに脅威を与えているテロリストのそれとはほとんど相容(あいい)れない」と述べて、イラクとアルカイダを結びつけることには無理があることを明確に指摘。その上で、「サダムとテロリストは目指すゴールが違う。サダムがそんな相手に大量破壊兵器を渡し、兵器開発に注ぎこんだせっかくの投資を台無しにするようなリスクをおかすとは思えない」と極めて論理的に述べた。

そして「現在は対テロ戦争に集中しなければならないので、性急にイラク攻撃に踏み切って、せっかく形成した世界的な反テロ連合を壊すべきではない」と論じたのである。

また続く八月二十六日には、同じくブッシュ・シニア政権で国務長官をつとめたジェームズ・ベーカー三世が、『ニューヨーク・タイムズ』紙に寄稿。「サダムを倒す唯一の現実的方策は軍事力の行使である」としながらも、「アメリカが単独でこの作戦を実行することは何としても避けるべきだ」と述べて、「アメリカが単独で先制攻撃を行ってでもイラクを倒す」と意気込む政権内の強硬派を強く牽制したのである。

これに対してブッシュ大統領は、「各自がそれぞれの意見を述べるのは健全な議論だと思う。自身の考えを自由に表明することが許されなければならないが、私が最新のインテリジェンスを元に決断を下すのだということをアメリカ人は知る必要がある」と返した。

このように足元の共和党内から慎重論が続出し、イラク戦争の是非に関する議論に拍車がかかる中で、ホワイトハウスはイラク脅威論普及のＰＲキャンペーンを開始。そして同時に「最新のインテリジェンスに基づいた判断を下す」ため、「イラクが切迫した脅威である」ことを示すインテリジェンスが強く求められるようになったのである。

　こうした背景の下で、チェイニー副大統領を中心とする主戦論者たちから、ＣＩＡを中心とするインテリジェンス・コミュニティに対して凄まじい政治的圧力が加えられるようになったのである。

副大統領からの圧力

　二〇〇五年十一月、冷戦時代にＣＩＡで高位にあったある人物と、ワシントンＤＣのレストランで食事を共にしていたときのことだ。話題が「なぜＣＩＡをはじめとするアメリカのインテリジェンス・コミュニティは、イラクの脅威評価を間違えてしまったのか」に移ると、その人物はイラク戦争開始前の数ヵ月間、ディック・チェイニー副大統領が何度もＣＩＡに足を運んだことを取り上げて声を荒らげた。

「副大統領がＣＩＡに来るなんて前代未聞だ。そんなことはそれまでのＣＩＡの歴史上一度もなかったはずだ。少なくとも三十年以上『エージェンシー』に勤続した私は一度もそんな話を聞いたことがない」

　この人物はチェイニー副大統領がＣＩＡを訪れたという行為そのものが、ＣＩＡに対して大きな圧力を加え、「インテリジェンスの政治化」すなわち情報分析・評価の過程が政治の意向で捻じ曲げられてしまう弊害を生んだと指摘した。

「副大統領は、ＣＩＡで実際にイラクの脅威を分析しているアナリストたちがどういう人たちなのかを、自分の目で見て確かめたかったのだろう。彼らがどの程度の知識を持ち、どのような視点、角度でイラクの問題を分析しているか確認したかったのだと思う」とリチャード・クラーク元テロ対策特別補佐官も述べている。

「私の調査では副大統領はイラク戦争前、ＣＩＡに十一回も足を運んでいる。十一回もだ。こんなに何度も行って何をしていたと思う？」と半ばエキサイトしながら逆に私に質問をしたのは、ローレンス・ウィルカーソン元国務長官首席補佐官だ。「おっ、よくやっているな、その調子だ、頑張れよって激励をしに来たわけではない。『この分析の根拠は何か、この情報は別の角度からこのように考えることはできないか』と詳細にわたって質問を浴びせたのだよ。これがどういうことか分かるかね？　ＣＩＡで実際に現場で分析作業にあたっているチームの中には、まだ若くて中堅クラスの人たちも多くいる。彼らにとって副大統領というのは、どれほど高い地位の人であるか想像してみるといい。圧力を感じないはずはないだろう？」

ＣＩＡにとって、彼らが作成する「インテリジェンス」という製品の一番の顧客は合衆国大統領であり、副大統領はそれに次ぐ「二番目に大事なお客さん」であると考えてよい。しかもこの大事な顧客は大変なインテリジェンス通であり、ペンタゴンの特別計画室（ＯＳＰ）を通じてさまざまな情報も得ていた。そんな人物の度重なる訪問と質問攻めを受ければ、ＣＩＡの分析官たちが「政治の圧力」を感じないはずはない。

「ＣＩＡの分析官たちも感情のある人間だ。そもそも情報要求をしてくる顧客の側から、『このような情報はないのか』という明確な注文を受ければ、何とかその要求を満たそうとしてしまうし、知らず知らずのうちに顧客が求めるような方向に沿うような情報分析・評価をしがちになるものだ」とウィルカーソンは付け加えた。

イラク戦争開戦後に、米上院のインテリジェンスに関する特別調査委員会が行った調査では「情報分析官たちに対する政治的な圧力は存在しなかった」との結論が出されたが、当時イラクの脅威情報の評価にかかわった元国家情報官ポール・ピラーは異議を唱える。ピラーは二十八年間ＣＩＡの分析官をつとめた情報分析の大ベテランであり、二〇〇〇年から二〇〇五年までは中東および南アジア担当の国家情報官をつとめた。国家情報官とは、ＣＩＡを含む各アメリカの情報機関の情勢分析を総合的に取りまとめ、インテリジェンス・コミュニティの総意である国家情報評価（ＮＩＥ）の作成を手がける調整官であり、ピラーはイラクの大量破壊兵器に関する二〇〇二年のＮＩＥの作成にも携わった。退官後は名門ジョージタウン大学の客員教授として安全保障学を教えている。

同大学にあるピラー教授の部屋でインタビューをする約束を取りつけた私は、意気込んで少し早めに大学に到着した。約束の時間にはだいぶ早かったが、一応部屋の場所を確認しようと思い部屋の前まで近づくと、不意にドアが開き、サンドイッチを口いっぱいに頬張りながら、ゴミを捨てに部屋から出てきたピラー教授と鉢合わせになってしまった。

「あっ、一時に約束をしている菅原です」ととりあえず挨拶をすると、口をもぐもぐさせながら気まずそうに私を部屋に案内した。失敗だ。最初から悪印象を与えてしまった。アイビーリーグ・ファッションで身を包み、ぴちっと髪を七三に分けたピラー教授はいかにも神経質そうなタイプだった。本棚も机の上もきちっと整理が行き届いており、その部屋を一目見ただけでその几帳面な性格が見てとれた。口数は少なく、人の話を静かにじっくりと聞いて、私の意図を分析した上で慎重に言葉を選んで答えてくる。取材する側としてはこれまたやりにくいタイプである。

「政策立案者と情報分析官の間にはそもそも緊張関係が存在する。情報分析官が政策立案者に対して可能な限り客観的な分析を提供しようと努めるのに対して、政策立案者は自分たちのやろうとする政策を裏づけるインテリジェンスを好むという性質があるからだ」

ピラー教授はこのように述べて、情報分析官と政策立案者双方の立場の違いからくる緊張関係の必然性について理路整然と説明してくれた。このため「政策立案者はインテリジェンスを政治的に利用する、すなわち自分たちが推奨する政策を正当化する目的で、彼らの望むように情報分析を歪めるように情報機関に対して圧力をかける傾向がある」というのである。イラクの脅威に関するインテリジェンスは、まさにこのような「インテリジェンスの政治的利用」の極端にひどい例だったと言えるだろう。

「これについてはすでにいろんなところで書いたり話したりしたのだが、上院の調査委員会が『インテリジェンス・コミュニティに対する政治的圧力がなかった』と結論づけたのには賛成できない。彼らは議会の公聴会に分析官たちを呼んで『圧力を感じたか』などと問いただしていたが、そもそも政治的圧力というのはもっと繊細なもので、『はい、圧力を受けました』などとそういう公聴会などで証言するような性質のものではない」と述べる。

毎朝のように質問が寄せられる。たくさんの調査依頼が舞い込んでくる。この角度からもう一度分析し直すように、この情報を裏からもう一度見直すようにとの要請がくる、先週は何も発見されなかったが、今週は何か新たな繋がりが見つからなかったかとの問い合わせが寄せられる……。普段の業務の中でさまざまな形で政治的重圧を分析官たちにかけることが可能なのだ。そしてもちろんチェイニー副大統領のスピーチやインタビューでのコメントに代表されるような政府高官たちの発言。

「われわれインテリジェンス・コミュニティの分析を根拠としない発言の数々は、われわれに無言の圧力を与えていたのである」とピラー教授は述べた。政権外ではチャラビがプロパガンダ・マシーンを全開にし、ホワイトハウスのPR戦略に基づいて政権高官たちが次々に過激な発言を繰り返す中、CIAを始めとするインテリジェンス・コミュニティの分析官たちは、〝政府がすでに大々的に宣伝してしまっている情報の根拠を見つけなくてはならない〟という大変な重圧の中で分析作業にあたったのである。

「それにもかかわらず、われわれは懸命に客観的な分析を続けようと抵抗を続けたと思う」とピラーは述べる。「イラクにおける大量破壊兵器の情報にばかり目が向けられてしまっている。しかし、イラクとアルカイダの繋がりに関しては、ブッシュ政権による明確な政治的圧力があったにもかかわらず、CIAの分析官たちは必死に抵抗を続けた。しかも彼らに反論するための分析作業のために膨大な時間とエネルギーが費やされ、本来やらなければならないテロ関連の情報分析が後回しになってしまったことは非常に残念なことだ」とピラー教授は無念そうに語っていた。

こうしてブッシュ政権内のネオコンと、ＣＩＡを中心とするインテリジェンス・コミュニティによる「インテリジェンスをめぐる闘争」が激化していく中で、「イラクが切迫した脅威」であり、軍事的に対処しなくてはならない脅威であることを正当化する根拠は、「イラクの大量破壊兵器保有および開発」という問題に集約されていく。イラクとアルカイダの繋がりとは違い、大量破壊兵器の保有や開発に関しては、ＣＩＡも他の情報機関も、そして先進主要各国の情報機関も「イラクは何らかの大量破壊兵器を保有しているに違いない」との先入観を強く持っていたからである。

そしてイラクが「切迫した脅威である」ことを示す大量破壊兵器に関するインテリジェンスは、「国家情報評価」という政府の公式の情報報告となって現れることになる。

歪められた戦略分析レポート

ブッシュ政権は二〇〇二年九月に入ると、対イラク軍事行動を支持する決議を行うよう議会に対する働きかけを開始した。合衆国大統領は最高司令官として単独で戦闘を命じる憲法上の権限があるが、ブッシュは議会の承認を得ることの重要性も認識していた。これに対して議会側は、チェイニー副大統領やホワイトハウスから繰り返し発信されるイラクの脅威情報を基に判断するのでは心許（こころもと）ないと感じたのか、インテリジェンス・コミュニティが正式な情報評価、すなわち国家情報評価（ＮＩＥ）を作成すべきだと要求した。

ＮＩＥはインテリジェンス・コミュニティが作成する中でも、最も権威があり格式の高い戦略分析レポートである。特定のトピックに対してまったく新しい将来の予測をするのではなく、基本的にはインテリジェンス・コミュニティを形成する各情報機関がそれまでに作成した分析や評価を総合的に判断し、コミュニティの総意としての「所見」を政策立案者に対して提供するものである。

ＮＩＥは通常政府の要請に応じて作成され、政府の政策立案者たちに役立てられることが多いが、議会の要請を受けて作成されることもある。この二〇〇二年のイラク大量破壊兵器に関するＮＩＥも、米上院の要請に基づいて作成された。同年九月のはじめに、上院のインテリジェンスに関する特別調査委員会から「イラクの脅威に関するインテリジェンス・コミュニティの評価を問うべきである」との意見が出され、十日にはボブ・グラハム委員長がテネット長官に正式にＮＩＥの作成を要請。テネットはこの頃から国家情報官に対してＮＩＥの準備に取り掛かるように命じているが、正式にこの要請に同意したのは十七日だという。米議会には十月一日にＮＩＥを提出することになったので、作成までの期間はわずか二、三週間程度しかなかった。通常ＮＩＥの作成には四、五ヵ月間を要するので、この二、三週間というのは異例の短さだったといっていい。

この二〇〇二年ＮＩＥの全文はいまだに機密扱いになっているが、「エグゼクティブ・サマリー」に相当する「重要所見」の部分は公開されており、インターネットでダウンロードができる。さまざまなインテリジェンスや安全保障関連のサイトでこの文書の入手が可能だが、非常に便利なサイトとして、ジョージ・ワシントン大学の「ナショナル・セキュリティ・アーカイブ（The National Security Archive）」がお薦めである。イラク戦争関連の文書だけでなく、米ソ冷戦期のインテリジェンス文書など多くの機密解除された公文書が収められている。

「イラクは国連決議や国連による制約に反して大量破壊兵器開発を続けている。バグダッドは化学・生物兵器および国連が定める射程を越えるミサイルを保有している。このままの状態が続けば、イラクはおそらくここ十年の間に核兵器を手にするだろう」

二〇〇二年ＮＩＥの重要所見は、このようにイラクの大量破壊兵器の脅威について確信に満ちた表現で述べている。

「一九九八年に査察が終了して以来、イラクは化学兵器製造の取り組みを継続しており、ミサイル開発計画も活性化させている。さらに生物兵器開発に重点的に投資をしている。ほとんどの情報機関は、バグダッドが核兵器計画を復活させていると考えている」

「イラクは砂漠の狐作戦（一九九八年にクリントン政権が行った空爆作戦）により破損したミサイルおよび生物兵器施設を大部分再建し、化学・生物兵器開発のインフラを民事用生産を装って拡大している」

「イラクの攻撃的生物兵器の重要な側面、たとえば研究開発、生産、兵器への搭載は全て稼動している。イラクは人命にかかわったり能力を奪ったりする強力な生物兵器を保有しており、そうしたさまざまな生物兵器となりうる薬剤を迅速に製造し、兵器に搭載する能力を有していると考えている」

「核兵器については、イラクは核兵器もしくはその製造に必要な資材をまだ保有していないが、二〇〇七年から二〇〇九年にかけて保有する可能性が高い」

それまでにイラクの大量破壊兵器疑惑について、ブッシュ政権高官が発言していた内容を全面的に裏づけるような「所見」のオンパレードだった。一部、全情報機関のコンセンサスが得られていない事項について、その反対意見も申し訳なさそうに記されていた。例えば国務省情報調査局（ＩＮＲ）が、意見の相違点として、「核兵器について『現在の証拠から、イラクに核兵器を入手するための包括的な手段がある』という結論を導き出すことはできない」と述べていたのが印象的である。

ポール・ピラーは「多くの情報分析官たちがさまざまな事情にとらわれていたと思う。インテリジェンス・コミュニティの間に『イラクに大量破壊兵器がある』という前提がすでに広く浸透していたのに対して、それを覆すのに十分な情報があったわけではなかった。しかも彼らが分析作業をしているときのコミュニティ内の雰囲気は、政策決定がすでに下されていることが明白であり、その決定を裏づけるためのインテリジェンスが求められている、という状況だったのだ」と当時の彼らの置かれていた立場を解説した。

いずれにしても、それまでのイラクの大量破壊兵器疑惑に関して、チェイニー副大統領をはじめとするブッシュ政権の高官が繰り返していた主張を、インテリジェンス・コミュニティがＮＩＥを通じて正式に裏づけたことにより、イラク戦争へ向けたハードルがまた一つクリアされる形となった。十月十日、下院は、ブッシュ大統領が〝必要かつ適切と見なした場合に〟イラクに対して軍事力を行使することを承認する決議を可決し、翌日には上院でも同決議が可決されたのである。

しかし、このようにインテリジェンス・コミュニティがお墨付きを与えた「インテリジェンス」は、後に全て誤りだったことが判明する。このアメリカの諜報史上最大級の大惨事の裏には、単に分析官が政治的圧力の下に置かれていたという以上の事情が存在した。

拷問により特定の「証言」を引き出そうとした尋問官、捏造情報を売却して一攫千金を目論んだ情報詐欺師、アメリカに恩を売って政治的立場の強化をはかろうとした外国情報機関、裕福な亡命生活を夢見て嘘に嘘を重ねたイラク人亡命者、自分たちの存在意義と自己正当化に固執した情報分析官など、「インテリジェンス」の世界で蠢（うごめ）く人間たちの、実に生々しい、そして極めて「人間的な」営みがあった。

以下、イラク戦争の根拠となった偽りの「インテリジェンス」がどのようにして「生まれ」、どのような経緯で「育って」いったのかを詳しく見ていきたい。

拷問で言わされた決定的証言

二〇〇二年九月二十五日に、コンドリーザ・ライス国家安全保障問題担当補佐官がPBS放送の「ニュースアワー」に出演。「イラクの独裁者が化学兵器開発の分野でアルカイダに訓練を提供している」との新たな情報を披露した。またその翌日にはラムズフェルド国防長官が「化学・生物兵器の訓練でサダムとアルカイダが関係していることを示す信頼できる情報がある」と発表。〝大量破壊兵器の使用に関してイラクの独裁者がアルカイダの殺人鬼たちを訓練している〟という、ウォルフォウィッツやミルロイが長年主張し続けてきた「イラク国家テロリズムの真実」を裏付ける新情報があることを強く示唆した発言だった。

この主張は、実は「イブン・アル・シェイフ・アル・リービー（Ibn al-Shaykh al-Libi）という拘束されたアルカイダの指揮官による証言」というたった一つの情報源に依拠していた。二〇〇一年十二月十九日、パキスタンの治安機関がアル・リービーを拘束しＦＢＩに引き渡した。ＦＢＩはすぐにこの人物が本名「アリー・アブドゥル・アズィーズ・アル・ファーヒリー（Ali Abdul Aziz al-Fakhiri）」というリビア出身のアルカイダの指揮官の一人であることを突き止めた。

アル・リービーはある時期にアフガニスタンに渡り、爆弾の製造者としての訓練を受け、後にビン・ラディンの訓練キャンプの一つであるハルデン訓練所で教官をつとめた。二〇〇一年十月のアフガン戦争後、パキスタンに脱出していたアル・リービーは、そこで同国の治安部隊に拘束され、アフガニスタンのバグラム米空軍基地で、ニューヨークから来た二人のＦＢＩ捜査官に引き渡された。

ＦＢＩの経験豊富な捜査官ラッセル・フィンチャーは、アル・リービーと自身の腕を手錠でつないだままアル・リービーに質問したという。「お祈りはするか?」「もちろんだ」とアル・リービーが答えると、「私もするよ」と信仰心の強いキリスト教徒のフィンチャーは応じ、二人でそれぞれの神に祈りを捧げ、それをきっかけにそれぞれの信仰や神について話し合ったという。

それから八十時間以上アル・リービーとともに過ごし、宗教や人生観について話し合ったフィンチャーは、少しずつ、しかし確実にアル・リービーの信頼を勝ち取りつつあった。フィンチャーや彼の上司であるニューヨークFBIの反テロ捜査監督官ジャック・クローナンは、「どんなに残虐な罪を犯した者であったとしても人間であることに変わりはなく、尊厳をもって接することで信頼を勝ち取り、閉ざされた心を開かせることで、より多くの真実を得られる」ということを経験上知っていた。またそのような正当な尋問を通じて得られた記録でなければ、アメリカの裁判所では証拠としては提示できないのが普通であった。

このFBIの戦術は効果を見せ始め、アル・リービーは貴重な情報をFBIに提供し始めた。911の数週間前にミネアポリスで逮捕されたアルカイダのパイロット、ザガリヤス・ムーサウィーがアル・リービーのつとめた訓練キャンプで訓練を受けていたことや、ボストンで爆破未遂で逮捕されたリチャード・レイドのアルカイダとの繋がりなど、FBIの捜査に役立つ貴重な情報が語られ始めたのである。

アル・リービーはアルカイダの外国政府との関係について、彼が知っていることを話し始めていた。が、イラクとの関係については「一切ない」と述べていた。これはFBIがそれまでに拘束した別のアルカイダ・メンバーたちから得られた情報とも合致していた。スーダンやパキスタンなどの外国政府との関係については多くの具体的な証拠が得られたのに対し、イラクとの関係については皆口を揃えて「ノー」、「そんなものはない」と答えていたからである。

ところがそのようなFBIの現場の捜査とは無縁の権力争いが、ワシントンで進行していた。アフガニスタンで拘束されたアルカイダの容疑者に対する尋問を、FBIとCIAのどちらが行うのか、両者が激しい権限争いを始め、アル・リービーはその犠牲となってしまったのである。テネットCIA長官とロバート・ミュラーFBI長官のホワイトハウスとの距離がすべてだった。そしてこの政治力という点では、毎朝大統領に情報報告を行っているテネット長官が圧倒的に有利な立場にあった。すぐにホワイトハウスはFBIに対し、アル・リービーをCIAに引き渡すように命じたのだった。

それはバグラム空軍基地の収容施設で、フィンチャー捜査官がアル・リービーを尋問している最中だったという。CIAの工作員たちがズカズカと割り込んできて、アル・リービーをその場でぐるぐるに縛り上げ、口にはガムテープを貼りつけ、頭からはすっぽりと袋を被せて耳下でささやいたという。「貴様をエジプトに送ってやる。貴様の母ちゃんを見つけ出してファックしてやるぞ」と。

激怒したフィンチャー捜査官はこの事実を上司のクローナンに報告したが、クローナンとてなす術（すべ）はなかった。アル・リービーはそのままエジプトに移送された。彼は関係者の間では「レンディション」という呼び名で知られている国家間移送プログラムのターゲットになったのである。CIAはアルカイダのテロリスト容疑者（とされる者）を拉致・拘禁する秘密プログラムを密かに発動していた。このプログラムの下で「テロリスト容疑者たち」は世界中の国々、とりわけ親米アラブ諸国であるエジプト、ヨルダンやモロッコなどの情報機関や秘密警察の下に移送され、多くの場合、身の毛もよだつ拷問を受けたのである。

アル・リービーもこのプログラムの下でＣＩＡによってエジプトに送られたのであった。なぜこのような国家的な「秘密」が明らかにされたのか。アル・リービーの件に関しては、このＣＩＡの干渉に激怒したＦＢＩの捜査官の一部が、ジャーナリストのマイケル・イシコフとデヴィッド・コーンにリークをしてこの事実が明らかになっている。現代においては、完全に秘密のプログラムなど不可能であることの証左とも言えるだろう。ちなみにこの「レンディション」については、オランダのジャーナリスト、スティーヴン・グレイが『ＣＩＡ秘密飛行便　テロ容疑者移送工作の全貌』という優れた調査報道を発表している。

アル・リービーがエジプトでどのような尋問を受けたのか、具体的なことは一切明らかになっていない。ただ、それから数週間後にはこの人物が百八十度意見を変えて、以前ＦＢＩに話したこととはまったく逆のことを語り始めたことだけは確かだった。

「ビン・ラディンは、自分たちのグループの化学・生物兵器開発能力の遅れに苛立ちを感じ、二名の活動メンバーをイラクに送り、化学・生物兵器の訓練を受けさせた」

アル・リービーが「証言」した「大量破壊兵器を通じたサダムとビン・ラディンの協力」という新情報は、すぐにホワイトハウスに届けられるようになった。ＣＩＡは「この情報の確認は取れていない」と付け加えていたものの、それまでローリー・ミルロイの理論を否定し続けたＣＩＡが、今回ばかりは「イラク・アルカイダの繋がり」を示すインテリジェンスをホワイトハウスに提供した張本人となってしまった。

ＣＩＡの分析官の中には、このアル・リービー情報の信憑性を強く疑う声が根強く存在した。この「アル・リービー情報」をスクープしたイシコフとコーンは、「ブッシュ政権の高官たちを夢中にさせるアルカイダ・イラク・コネクションを実証するように見える何かを、少なくとも一つ、ＣＩＡは提供することができた」と書いている。政治的な圧力の下、何とかチェイニーらの強硬派の要求を満たそうとしたＣＩＡの焦りと官僚主義が見え隠れする。

ちなみにこのインテリジェンスに対しては国防情報局（ＤＩＡ）が正式に異議を唱えている。アル・リービーの証言には、化学・生物兵器関連の訓練には不可欠の、そうした化学物質や生物の具体的な取り扱い方や管理、保管場所等の詳細情報が何一つ含まれておらず、不自然なことが多すぎたからだ。「尋問官が聞きたがったことをしゃべったに過ぎない」臭いがプンプンしたのである。

イラク侵攻後、アル・リービーは再び短い期間ＦＢＩの管理下に置かれ、そのときに大量破壊兵器訓練についての前言を撤回し、「連中は私を殺そうとした。彼らに何かを言わなくてはならなかったのだ」と述べたという。

ＣＩＡがこのアル・リービー情報を全面的に撤回したのは、すでにイラク戦争開始から一年近く経った二〇〇四年の初頭になってからのことである。

詐欺集団の文書偽造工作

二〇〇三年一月二十八日、ブッシュ大統領は一般教書演説の中で、フセイン政権の核兵器開発努力に関して次のように述べた。

「英国政府はサダム・フセインが最近、アフリカから相当な量のウランを求めたことを突き止めた」

英語ではわずか十六語で表現されるこの一文は、後に「十六語（シックスティーン・ワーズ）」という呼び名で知られるようになる。この一文は、「サダム・フセインがニジェールから五百トンのウランを購入しようと試みた」というイタリアの情報機関ＳＩＳＭＩから寄せられた情報に基づいていた。そしてこのＳＩＳＭＩの情報自体は、ある一人のイタリア人情報ブローカーの「陰謀」により捏造されたものだった。こんないかがわしい情報がいかにして米大統領の一般教書演説に含まれるようになってしまったのだろうか。

そもそもこの情報を捏造した張本人は、スパイくずれのイタリア人情報ブローカーのロッコ・マルティノであった。彼は情報を集めてはビジネス界やジャーナリスト相手に売り歩く情報の行商人であり、各国インテリジェンス機関の非常に低レベルの情報提供者でもあった。マルティノは一九七六年一月から一九七七年七月のわずか十八ヵ月の短い期間、ＳＩＳＭＩの前身にあたるＳＩＤで働いた経歴を持つが、勤務態度がよろしくなかったことと、いかがわしい勢力との取引で借金を重ねたことからＳＩＤを首になっていた。

それ以来マルティノは、裏の世界の情報屋として各国のインテリジェンス機関や治安機関を相手に、時にはスパイの手先として、時には詐欺師を演じながら二重、三重のゲームを行ってきた。一九八五年にはイタリアで恐喝容疑で逮捕され、一九九三年にはドイツで盗難紙幣を保持していたことで逮捕されている。

この情報ブローカーがニジェールというアフリカの最貧国とイラクの繋がりに目をつけたのは、一通の外交電文がきっかけだった。

「ローマ教皇庁（バチカン）のイラク大使館からの通知によりますと、駐バチカンのイラク大使であられるウィッサム・アル・ザワヒイ閣下が、イラク共和国のサダム・フセイン大統領の代理として、我が国を公式に訪問されます。ザワヒイ閣下はニアメー（ニジェールの首都）に一九九九年二月三日、夕方六時二十五分頃に、パリ発フランス航空の七三〇便で到着される予定です。この訪問に関する調整をしていただけますようお願い申し上げます」

これは駐ローマのニジェール大使からニジェールの首都ニアメーにある同国外務省に送られたテレックスだが、しっかりとイタリアの情報機関ＳＩＳＭＩに傍受され、イタリア情報関係者の知るところとなっていた。

シエラ・レオネに次ぐアフリカの最貧国の一つニジェールには、商業用の製品といえば四つしかなかった。羊とヒヨコマメと玉葱（たまねぎ）と、それにウランである。「イラク人は羊とマメと玉葱には困っていなかったので、サダムはニジェールのウランを手に入れようとしているに違いない」と考えたＳＩＳＭＩのインテリジェンス・オフィサーたちは、すぐに各国の情報機関に問い合わせた。

ＳＩＳＭＩの中でこの情報に興味を持ったオフィサーの一人にアントニオ・ヌチェラ大佐がいた。ヌチェラ大佐はマルティノの友人で、ＳＩＳＭＩの内部情報を密かにマルティノに渡してマルティノの情報ブローカーのビジネスに協力する、いわばビジネス・パートナーでもあった。マルティノはフランスの情報機関の情報提供者として働いていたこともあり、ニジェールのウラン情報にフランスが敏感に反応するに違いないと確信して、ヌチェラ大佐と計画を練り始めた。

ここでニジェールという国のウラン産業に関する背景説明が必要だろう。ニジェールの露天掘り鉱山のウラン採取は、ほぼ旧宗主国であるフランスのコントロール下に置かれている。コジェマというフランスの巨大企業が所有する二つの鉱山会社コミナックとソメが、ニジェールのウラン産業を押さえていたのである。ちょうどこの頃、フランスはニジェールのウランに特別な関心を払っていた。国際原子力機関（ＩＡＥＡ）が、「リビアが二千六百トンのウラン鉱粗製物を保有している」と発表したのである。リビアにウランを提供しているのはニジェールだが、フランスが持つ記録ではニジェールがリビアに提供したウランは千五百トンに満たなかった。フランスが支配下に置いていない鉱山で密かにウランが採取されているのか？　もしそうだとするとそのウランはリビア以外の国にも密輸されているのか？　フランスとしては看過できない事態であった。

「情報ブローカー」として長年裏の世界で生きてきたマルティノは、こういう嗅覚だけは優れていた。「もし中東の独裁者がニジェールの密輸ウランを使って原爆を作ろうとしていたとしたら、ニジェール・ウランのバイヤーが誰かを突き止めることに躍起になっているフランス人はどう思うだろうか。そんな情報があればどんなに大金をはたいてでも買うに違いない。ちょうどイラクのバチカン大使がニジェールを訪問した事実もある」

こうしてマルティノとヌチェラ大佐は、フランスが興味を持ちそうな文書の偽造作戦を開始した。SISMIはローマのニジェール大使館に「情報源」を有していた。二人はこの情報源を仲間に引き入れ、同大使館の高官を一人買収することに成功。二〇〇一年一月二日に、同大使館にいる二人の協力者は、大使館に強盗が押し入った事件を自作自演して、まんまと複数の外交文書やスタンプ、コード票などを盗み出した。

この盗品の中には、駐ローマのニジェール大使からニジェール外務省に送られた例のテレックスも含まれていた。マルティノたちはこの一九九九年二月一日付のテレックスを元に、一連の偽造文書を作成していった。ニジェールからイラクへのウランの出荷にかかわるやり取りを記した書簡、ニジェール外務相から駐ローマのニジェール大使への外交電文、ニジェール政府とイラク政府間のウラン取引に関する合意文書の草案、両国外務大臣のサインの入った協定などである。ニジェールとイラク政府のこの協定には、ニジェールのアレレ・ハビブ外務大臣のサインも見事に書かれていたが、問題が一つあった。同協定に調印した日付が二〇〇〇年十月十日となっていたのだが、ハビブは一九八九年に外務大臣を辞任していたのである。

詐欺集団が作成した文書は、プロから見れば極めて粗雑な代物に過ぎなかったが、そのクオリティはともかく二〇〇一年春にはマルティノのチームは、このイラク・ニジェール・ウラン取引に関する一連の偽造文書を完成させていた。

「イラクのウラン取引」の真相

ここまでの経緯については、この事件を調べた多くのジャーナリストや分析家の間でほぼ見解が一致している。が、この先の道筋、すなわちこの偽造文書がいつ、どのようにしてフランスの情報機関や他の西側情報機関の知るところとなったのか、その細かい経緯には大きな食い違いが存在する。

二〇〇七年にこのニジェール・ウラン事件に関する最も包括的な調査研究を発表したイタリアのジャーナリスト、カルロ・ボニーニとジュセッペ・ダヴァンゾによると、その主たる原因は、イタリアの情報機関ＳＩＳＭＩにあるという。ＳＩＳＭＩがこの問題に関してさらなる偽情報を振り撒いているというのだ。

ＳＩＳＭＩはマルティノがフランス情報機関ＤＧＳＥのスパイだったとして、ＳＩＳＭＩ自身はこの情報詐欺集団と何らかかわりがないことを示唆する情報工作を行っている。ところが、ボニーニとダヴァンゾの調べでは、このマルティノたちの活動を終始支えたいわば黒幕が実はイタリアの情報機関ＳＩＳＭＩだった可能性が高いというのである。

ボニーニとダヴァンゾは、ＳＩＳＭＩだけでなくＤＧＳＥ、ＣＩＡやドイツ情報機関関係者との広範なインタビューを元に次の事実を突き止めている。

ロッコ・マルティノが初めてフランス政府に接触をしたのは二〇〇二年六月のことであった。彼はルクセンブルクの仏大使館にやってきて、「ニジェールとイラクのウラン取引に関する重要書類を持っている」と述べ、「その書類を十万ドルで売りたい」と持ちかけた。仏情報機関はブリュッセル支局長をルクセンブルクに送りマルティノと会わせ、「書類の価値を判断してから金を支払うかどうかを決める」と約束して書類を入手した。

書類はすぐにパリに送られ、すでにDGSEが持っていたイラク・ニジェール取引に関する別の書類と比較された。実はフランスの情報機関はすでにアメリカからの問い合わせを受けて、このイラク・ニジェール・ウラン取引に関しての徹底的な調査を行っていた。

フランスがアメリカから最初の質問を受けたのは二〇〇一年夏のことであり、そのときは「駐バチカンのイラク大使のニジェール訪問についての背景を教えて欲しい」というものだった。明らかにイタリア情報機関SISMIが傍受した例のテレックスがアメリカに渡り、それを元にアメリカはフランスに「裏取り」を依頼したのである。

911テロ事件が発生するとアメリカの依頼が緊急性を帯びるようになり、CIAは二〇〇二年四月にフランスに対して再び緊急の調査依頼を行った。そしてこの時にCIAはイラク・ニジェール・ウラン取引に関する文書の一部をフランスに渡している。当時DGSEのナンバー2だった人物は次のように述べている。

「ラングレー（CIA）からの圧力は相当なものだった。CIAはこの情報が正しいかどうかの評価を大至急行うように要請してきた。911事件直後は、DGSEとCIAの関係は良好だったので、私はすぐにこの調査のためのチームを編成し、二〇〇二年の五月から六月にかけてニアメーに送ったのだ。ニジェールやウランに詳しいDGSEの工作員の中でもベストの人間たちを選抜して現地調査にあたらせた。数週間後、彼らが下した結論は、『ウランに関するアメリカの情報はまったくのでたらめ』だというものだった」

マルティノがフランスに接触して偽造文書を渡したのはこの後のことであり、DGSEはこのマルティノの文書を、すでにアメリカから受け取っていた文書と照合した結果、同じものであることが分かったというのである。つまりマルティノは、フランスにこの文書を渡す前に、すでにアメリカにこの文書を渡していたことになる。マルティノがアメリカに直接渡したのか、イタリアのSISMIを介したのか、またはイギリスの諜報機関MI6を介して渡った可能性もある。

興味深いのは、SISMIの長官が二〇〇一年九月二十一日にCIAに対し、「イラク政府高官が九九年にニジェールを訪問し、その際にニジェールの二つの鉱山でのウラン生産とそのウランの輸送方法について話し合った」とのメッセージを送っていたことをボニーニとダヴァンゾが突き止めている点である。

SISMIはイラク・ニジェール・ウラン取引情報についてアメリカの歓心を買おうと積極的に動いていたことが分かる。一方でマルティノは一九九九年から二〇〇四年の間にイギリス、ドイツ、フランスをはじめ、各国政府や大手メディアなど実に三十ヵ所以上も訪問し、文字通り「ニジェール情報」の行商を行っている。その一部始終をSISMIが監視しており、ボニーニとダヴァンゾは「マルティノはＳＩＳＭＩの郵便配達人に過ぎなかった」と結論づけている。

ＳＩＳＭＩは９１１テロの発生を受けて、テロ対策の最前線に立つ情報機関として政治的な立場を強化していたが、アメリカに信頼される情報面での重要なパートナーという立場を利用して、さらに国内の政治力を強化しようと目論んだと考えられる。またイタリア企業が過去にイラクの大量破壊兵器開発にかかわっていたことから、アメリカからの非難の矛先をかわすためにも、ＳＩＳＭＩはアメリカに「貴重な」インテリジェンスを提供し続ける必要があったのではないか、とボニーニとダヴァンゾは疑っている。

さて、アメリカ側の対応である。二〇〇一年の秋にＳＩＳＭＩから最初の情報を受け取ったＣＩＡは、すぐにニジェールの米大使館に事実関係の調査を依頼し、同年十一月に当時の駐ニジェール米国大使が、「そのような事実はない」と全面的に否定している。二〇〇二年二月に、より詳細な情報（マルティノ文書の一部）がＣＩＡの下に送られ、米インテリジェンス・コミュニティ内に配付された。これを基に国防情報局（ＤＩＡ）が二月十二日付で情報レポートを作成し「ニアメーがバグダッドに年間五百トンのウランを売却する協定に調印」とのタイトルを付けた。このレポートに敏感に反応したのがチェイニー副大統領であり、副大統領はこのＤＩＡレポートの詳細を調査するよう繰り返しＣＩＡに指示を出した。

ＣＩＡは二〇〇二年二月末、ニジェールでの経験も豊富で同国のウラン産業に詳しいジョセフ・ウィルソン元駐ガボン大使をニジェールに派遣し、現地調査にあたらせた。ウィルソンの調査でも「五百トンものウランを密かに輸送するなど物理的に不可能」であり、さまざまな点から考慮しても「そのような取引は有り得ない」という結果が判明した。そして前述したように、CIAは緊急の調査依頼をフランスに行い、DGSEが詳細な現地調査を行った上で、同様の結果を報告した。国務省の情報調査局（INR）も、「ニジェール・イラクへのウラン売却はありえない」というタイトルの報告書を作成し、この取引の可能性を全否定した。

しかしイタリアのSISMIとイギリスのMI6はこの情報の正当性を主張していた。「同盟国二国の確認が取れている」。ホワイトハウスの中でこの情報をあきらめきれないグループからすれば、この同盟国の承認だけで十分だったのだろう。ちょうどタイミングよく英国政府が二〇〇二年九月二十四日に発表したレポートの中に、「イラクはアフリカからウランを入手しようと試みた」との文言が含まれていた。

二〇〇三年一月のブッシュ大統領の一般教書演説で、インパクトの強いイラク脅威情報を盛り込むことを検討していたホワイトハウスのPR戦略家たちは、慎重に言葉を選び、米政府の情報機関に責任が及ばないよう、責任をイギリスに押し付けることを決定した。そして生まれたフレーズが、「英国政府はサダム・フセインが最近、アフリカから相当な量のウランを求めたことを突き止めた」という十六語だったのである。

しかしこの「シックスティーン・ワーズ」は、後にチェイニー副大統領を巻き込む一大スキャンダルとしてブッシュ政権に跳ね返ってくることになる。

移動式細菌兵器製造工場

イラク戦争への道を邁進するブッシュ政権は、アメリカのイラク攻撃に対する国際社会の支持を取りつける最後の試みを国連の場で行おうとしていた。二〇〇三年二月五日に、国連安全保障理事会の場でアメリカによるイラク非難の演説が行われることになったのである。ブッシュ大統領がこの重大なミッションを託したのは、政権内で最もイラク戦争に消極的だったコリン・パウエル国務長官だった。

「通常ならば国連大使がやる仕事だ。何でパウエル長官が選ばれたのかよく考えたよ。答えは、彼が閣僚の中で国際的にもっとも信頼され、世界を説得するのに彼以上の人物が政権内にいなかったからだ」

こう述べたのはパウエル長官の首席補佐官をつとめたローレンス・ウィルカーソンだ。そしてこの重大な演説の依頼がホワイトハウスから来たのは、演説本番のわずか二週間前だったことをウィルカーソンは明らかにした。演説草稿は何とチェイニー副大統領室から送られてきた。ルイス・スクーター・リビー副大統領首席補佐官が行間を空けずにタイプした四十八ページにもなる草稿を作成したのだが、そこには「サダム・フセインがアルカイダと協力関係にある」というネオコンたちのいつもの主張がぎっしりと詰まっていた。

パウエル国務長官は、真偽の疑わしい情報は全て排除する方針を固めたため、ウィルカーソンはCIA本部に通い詰め、リビーの作成した草稿を丁寧に精査していった。

「ほとんどの情報が、CIAが確認できない情報源の怪しいものばかりだった。これもだめ、あれもだめ、と一つずつ削っていったらリビーの草稿はまったくただの紙切れになってしまった」

こう語るのはこの作業に途中から加わったアーミテージ国務副長官だ。「最近イラクが相当量のウランをアフリカから入手しようとした」というブッシュ大統領が一般教書演説で使った例の「シックスティーン・ワーズ」情報も、慎重なパウエルのスタッフたちは削除した。リビーの草稿が紙くず同然になってしまったため、ウィルカーソンたちは一から演説原稿を作り直さなければならなかったが、到底時間が足りなかった。

「NIEをベースとして使うといい」と助言したのはテネットCIA長官だった。CIAの確認が取れていない情報を使うよりは、すでにインテリジェンス・コミュニティの総意となっている「二〇〇二年NIE」を使うのが最も早道だったからである。

国務省とCIAのチームは、国連査察官たちが到着する前に何かが撤去されたことを示唆する工場の衛星写真、ウラン濃縮用の遠心分離機に使うと考えられていたアルミ管をイラクが大量に購入しようとした疑惑などを演説の内容に加えていった。そして彼らがもっとも強力で説得力のある情報だという点で一致したのが、移動式細菌兵器工場に関するものだった。一見すると普通のトレーラーと区別がつかないが、そのトレーラーの中で細菌兵器が製造できる仕組みになっているというもので、まさに動く大量破壊兵器製造工場をイラクが保有していることを示す確固たる証拠だった。

漫画やSFのような話だが、パウエルたちは本気だった。「CIAが持っていた情報の中で、これが一番説得力があり、情報源の裏づけもあるとされていたのだ」とウィルカーソンは証言する。パウエルはこの細菌トレーラーを、サダム・フセインの生物兵器開発計画の要として、国連でのイラク弾劾演説の柱に据えることにした。

「皆さん、私が今日申し上げることはすべて、確かな情報源によって裏づけられています。（中略）確かな情報に基づいて得られた結論です」

二月五日の国連安全保障理事会でパウエル国務長官は自信満々に話し始めた。

「まず第一に、生物兵器です。イラクの生物兵器に関するわれわれの分厚い情報ファイルから明らかになる、もっとも憂慮すべきことの一つは、生物兵器用エージェントを製造するための移動式製造施設の存在です」

「われわれはトレーラー型と鉄道車両型の移動式生物兵器工場が、どのようになっているのかを、具体的に説明する情報を直接得ることができました。（中略）これらの移動式施設は数ヵ月のうちに、イラクが湾岸戦争以前に製造したと主張している総量に匹敵する量の生物毒を製造することができます」

「情報源は実際に現場を見た証人、そうした施設のひとつを管理したイラク人化学エンジニアです。（中略）この亡命者は現在、サダム・フセインに見つかったら殺されると確信し、他国にて潜伏生活をつづけています」

パウエルは大型トレーラーの漫画風のイラストやカットをスクリーンで聴衆に見せながら、この動く生物兵器製造工場の構造がどうなっており、どのように使うのかを細かく具体的に解説した。

「サダム・フセインが生物兵器をすでに所有し、さらに迅速かつ大量に製造する能力を有していることは、疑いようがありません」

パウエルはこう述べて生物兵器疑惑の部分を締めくくった。

「カーブボール」の生物兵器情報

この移動式生物兵器製造工場の情報源は、パウエルが演説で触れたように「他国で潜伏生活を続ける「イラク人化学エンジニア」であった。コードネーム「カーブボール」と名付けられたアフマド・ハサン・ムハンマドがその正体であった。

この「カーブボール」をめぐる全ストーリーは、ピューリッツァー賞受賞者のボブ・ドローギンが、圧倒的な取材力で描く『カーブボール　スパイと、嘘と、戦争を起こしたペテン師』で見事に再現されている。

「カーブボール」はサダム・フセインの圧制を逃れてドイツに亡命した。ドイツは難民に与えられる恩典という点では「ヨーロッパ随一」と言われるほど、難民に対する待遇がよかった。特にサダムやイラク治安機関の事情に通じたものや、大量破壊兵器開発についての情報を持っているイラク人亡命者に対しては、至れりつくせりの「レッド・カーペット」待遇を提供していた。

問題はバグダッドに住むイラク人の誰もがその事実を知っており、「カーブボール」ははじめからドイツ人が欲しがる情報を提供し、「レッド・カーペット」待遇を受けることを夢見て、準備万端整えた上でドイツに来たことであった。

しかしそうは言っても、毎年何千、何万という難民や亡命申請者を相手にしているドイツの当局が、そう簡単に騙されるものではない。亡命申請者が自分の価値を高くするために話を誇張したり捏造するのは日常茶飯事であり、ドイツ情報機関BND（ドイツ連邦情報局）の尋問官たちも当然そんなことには慣れっこだったからである。

「カーブボール」にとってラッキーだったのは、いくつかの偶然が重なったからだとも考えられる。ドローギンの『カーブボール』は、この亡命者とBND尋問官の最初の面談の模様を次のように記している。

「イラク人はタバコの煙をパッパッと吹き出して部屋のなかを歩きまわり、興奮してやたらに腕を振りまわしながら、二十人以上のイラク政府高官の長ったらしい名前を早口でまくしたて、政府と軍の企業や委員会の名前を唖然とするほどならべ、秘密計画のコードナンバーや人里離れた場所を明かした。さらに工学装置やその操作手順の詳細をちらっと洩らしたり、パイプの直径や温度幅や試薬噴霧や流体力学の数値を口にしたり、培養基や発酵率について語ったりもした。細部にまでわたる情報をすべて話す決心をして、それを一気に猛然と吐き出そうとしているようだった」

当然「カーブボール」はアラビア語で話す。通訳がこうした専門用語をすべて解するわけではなく、ところどころ不明な部分を残しながら「とてつもなく重要そうな」証言をドイツ語に訳していった。通常このような尋問は、取り調べにたけた専門の尋問官が行うが、内容があまりに専門的だったこともあり、例外的に生物兵器を専門とする分析官が「カーブボール」の尋問を担当するようになった。異例のことである。

また「カーブボール」が「イラクの大量破壊兵器の開発にドイツ企業がかかわっている」と述べていたこともあり、BNDはアメリカの情報機関をこの情報源には絶対に会わせない方針を固めた。これによりCIAは最後まで「カーブボール」に直接会って確認を取ることができなかった。

さらに興味深い点は、BND内でもCIA内でも生物兵器分析部門は、局内ではまったく脚光を浴びることのない日陰の存在であり、生物兵器を担当している分析官たちも、一風変わった「オタク」たちの集まりであったという点である。特にCIAの「兵器諜報・不拡散・軍縮センター（WINPAC）」の分析官は計七百名いたが、その中で細菌やウイルスという「陰気」な世界を専門とする分析官はたったの六人しかいなかった。再びドローギンの大著から引用しよう。

「そのちっぽけな班が、リビア、シリア、北朝鮮の生物兵器をはじめ、イラクなど他の国の疑わしい開発計画をも、一手に引き受けていた。生物兵器はなお低レベルの脅威でしかないと考えられ、その専門官たちが取り組む領域は、ぱっとせず、わきに追いやられ、CIA内部でもしばしば嘲りの対象となった」

このため生物兵器分析官たちは、「マッド・サイエンティスト」「奇人変人隊」などと陰口を叩かれていたというのである。BNDでもCIAでも、そんな普段から軽蔑されていた生物兵器担当の分析官たちが、めったにないこの大型案件の登場に興奮し、この「カーブボール情報が本物である」という強い思い込みを前提に分析してしまったのであった。

「カーブボール」はドイツに亡命する前に、インターネットを通じて念入りに情報収集をしていた。国連のウェブサイトに行けば、過去の国連によるイラク大量破壊兵器査察の記録やその詳しい経緯、なぞの残される移動式生物兵器製造工場に関する情報など、「カーブボール」がでっち上げストーリーを作るための基本情報は満載であった。

「カーブボール」はエンジニアに過ぎないので、生物兵器の詳細を知らなかったとしても不思議ではなかったし、答えに窮した「カーブボール」に、素人尋問官の生物兵器分析官が助け舟を出すかのように誘導尋問し、分析官が望むようなストーリーを完成させていった。

さらに、ただでさえアラビア語からの不完全なドイツ語訳だった尋問記録を、BNDから受け取った米国防情報局（DIA）がさらに誇張した英訳を作成してワシントンに送り続けたこと。ここではDIAが自分たちの得点を稼ごうと翻訳を歪めたことが分かっている。

またCIA内部では「カーブボール」情報に疑問を抱く工作部門と「奇人変人隊」のWINPACが評価をめぐり激しく対立するが、テネット長官をはじめとする幹部たちは、ブッシュ政権の強硬派たちを満足させたいという政治的思惑を優先させ、WINPACの肩を持ってしまった。

この「カーブボール」情報に関して言うのであれば、「ブッシュ政権がウソと分かっていながら情報を誇張した」という主張は該当しない。「カーブボール」の尋問や分析作業にかかわったあらゆるレベルの関係者の個人的野心、嫉妬心や思い込み、組織同士の対抗意識や度重なるヒューマンエラーが、単なるペテン師のウソを、イラク攻撃を正当化する第一級のインテリジェンスの一つに育て上げてしまったのである。

パウエル演説の原稿作成に尽力したウィルカーソン元国務長官首席補佐官は、

「カーブボールの尋問記録は、十センチ以上の厚さになるほどの膨大な量だった。そのすべてがウソだったなんてとてもではないが想像すらできなかった。テネット長官は、この情報は四つの別々の情報源からの確認が取れている、と太鼓判を押していたのだ」

と悔しそうに述べていた。

パウエル演説の主要なインテリジェンスが誤りであることが判明した直後に、ウィルカーソンは辞表を提出した。「私の人生で最悪の出来事だった」とウィルカーソンは後にこのときのことを振り返って述べていた。「カーブボール」情報は、戦争という最悪の暴力行為の根拠となっただけでなく、多くの関係者の心に深い傷跡を残したのである。

二〇〇七年九月に、「カーブボール」はドイツへの帰化申請が認められ、晴れてドイツ人となった。彼は現在でもBNDの管理下でひっそりと暮らしている。二〇〇八年三月二十二日付の独『シュピーゲル・オンライン』誌は、カーブボールに対する直接取材を基にした記事を発表した。それによると、同誌の記者たちが直接カーブボールにインタビューをした際には、驚きのあまりまともな答えが返ってこなかったが、その数日後に電話でのインタビューを再度試みると、「カーブボール」はリラックスして次のように語っている。

「私が責められることは何一つない。私はイラクが大量破壊兵器を持っているなんて一言も言っていないのだから。一言たりとも言ってないよ。（中略）アメリカ人は、確実にすべてがウソであることを知っていたよ」

八年間に及ぶドイツでの生活ですっかりドイツ語が上達した「カーブボール」は、まったく反省の色も見せずにこう述べたという。そして彼が最後に語った言葉が実に印象的である。

「また同じような話をつくってやったっていいよ。でも今度はドイツではなく別の国がいいな。ここでの私に対する扱いは酷すぎた。私が提供したような情報に対しては、本来ならば王様のような生活が用意されてしかるべきだろ？」

この「移動式細菌兵器工場」のインテリジェンスをめぐる騒動で、誰か勝者がいたとすれば、それは間違いなく「カーブボール」その人だろう。


パウエルが国連でイラク糾弾演説を行っていた二〇〇三年二月五日、私はワシントンでリチャード・パールの弟子にあたるブルース・ジャクソンにインタビューをしていた。ホワイトハウスの非公式の要請を受けて「イラク解放委員会」を設立してイラク戦争推進のためのPR活動を行っていたジャクソンは、このパウエル演説を満足げに眺めていた。普段はパウエルを批判してばかりいるネオコンが、このときばかりはパウエルを褒めちぎっていたのが印象的だった。

ブッシュ政権内の対立について質問した私に対してジャクソンは、

「このパウエルの演説を見てみなよ。もはや政権内に対立なんて存在しない。全員同じ船に乗ったのだよ」

と述べていた。しかしこれをもって「対立解消」を宣言するのは時期尚早であった。言うまでもなく、ネオコンとリアリストたちの暗闘は、今度は「船内」に場所を移して続けられるからである。

第5章

イラク戦後政策

「バラ色のシナリオ」

イラク戦争が始まるわずか三日前、ディック・チェイニー副大統領は米ＮＢＣテレビの人気番組「ミート・ザ・プレス」に出演し、司会者のティム・ラッサートのインタビューに答えて以下のように発言している。

ラッサート「もしあなたの分析が間違っていて、われわれが解放者としては迎えられず征服者と見なされ、それが原因でイラク人による抵抗が起きたとします。特に首都バグダッドでそのような事態が発生したとして、あなたは長期間にわたる費用がかさみ深刻なアメリカ人の死傷者が伴う流血の戦闘に対して、アメリカ国民に備えができているとお考えですか」

チェイニー「私はそんなことは起こりそうにないと思っているよ、ティム。私はわれわれが解放者として歓迎されると本当に信じているし、それにイラクに関するインテリジェンスを読めば、彼らが望んでいるのがサダム・フセインの排除であり、アメリカを解放者として歓迎するであろうことは明白な事実だからだ」

このチェイニーの発言に代表されるように、ブッシュ政権の高官はイラク戦争前から、「米軍はイラク人に解放者として歓迎される」というバラ色のシナリオばかりを宣伝し、フセイン政権を倒した後に予想される困難や挑戦に関しては、ほとんどと言っていいほど表立って議論をしてこなかった。

そこでブッシュ政権は「戦争計画は持っていたものの戦後計画は持っていなかったのではないか」と考えられている。これは半分正しくて半分は不正確である。

実際にはブッシュ政権内外に戦後計画や想定されるさまざまな事態に対するシミュレーションなどはたくさん存在した。しかしそれらは政権内でもっとも政策決定に影響力を持つグループに受け入れられず、意図的に無視されていた。その理由はこのイラク戦争の本質にかかわってくる問題であり、占領統治の混乱も実はここに起因している。ブッシュ政権の中枢部はなぜ詳細な戦後計画を準備しようとしなかったのだろうか。

イラクの戦後計画としてもっとも包括的で大がかりなものとしてよく知られているのは、米国務省の「イラクの将来プロジェクト」であろう。国務省がこのプロジェクトの構想を練り始めたのは二〇〇一年十月末のアフガン戦争が一段落つき始め、アメリカの次のターゲットとしてイラクの名前がメディアにのぼり始めた頃だった。公式にプロジェクトを発表したのは翌年の三月で、米議会は五月にこのプロジェクトに五百万ドルの予算を与えることを認めている。

イラク戦争には消極的と見られていた国務省が、早々と戦後構想に関するプロジェクトを立ち上げた背景を、このプロジェクトの責任者トマス・ウォリック（国務省）は、「国防総省が実際に戦争をやってしまって、〝後は国務省の出番だ〟といって戦後処理だけを押しつけてくる可能性があったからだ」と米『アトランティック・マンスリー』誌（二〇〇四年一、二月号）で述べている。

同誌によると国務省は、国内外のイラク人亡命者やアメリカ人の研究者等を二百人近く集め、十七の作業グループに分け、イラクの政治や経済的インフラの立て直しに必要なさまざまな問題について検討をさせた。途中で解散したグループもあったが、最終的には十三巻、二千五百ページにおよぶ政策提言としてイラク戦争前に報告書がまとめ上げられた。

内容は「水、農業と環境」「イラク政府の倫理コード」「石油とエネルギー」「民主主義的な原則と手続き」など多岐にわたっており、その多くに「政権崩壊後、電気や水の供給を一刻も早く回復させること」「イラクの大規模な軍隊の扱いや解散については細心の注意が必要なこと」といった共通の提言項目が含まれていた。また「フセイン政権崩壊後に国内が力の空白から無秩序に陥り、殺人、略奪や強盗が多発する」危険性も多くの個所で指摘されていた。

また米中央情報局(CIA)も二〇〇二年五月からフセイン体制崩壊後に備え、戦後のベスト・シナリオ、ワースト・シナリオを想定した一連のシミュレーションを開始していた。ワースト・シナリオでは、バグダッド陥落後に市民生活が無秩序状態で危険にさらされることや、市内のあちらこちらに隠された大量破壊兵器を探すのに大変な困難を強いられること、それにイラク人科学者が旧政権の治安関係者から殺されるのを防ぐのに苦労することなど、さまざまな困難な状況が想定され、その対策が検討された。

CIAを中心とするインテリジェンス・コミュニティはまた、二〇〇三年一月に「戦後イラクに関する情勢評価」を発表し、「イラクの民主主義とは、非常に長く困難を伴う、そして不安定なプロセスであり、潜在的にはイラクを伝統的な独裁主義へと後戻りさせてしまう危険性を伴っている。戦後のイラクはアルカイダが活動する絶好の機会を提供することになり、民族間、部族間、宗教・宗派間の分裂や暴力を助長する可能性が高い」と警告していた。

さらに二〇〇二年十月末には米陸軍大学のシンクタンク、戦略研究所（The Strategic Studies Institute）が戦後計画を詳細に検討した。同研究所は最近の占領事例を詳細に見直すことで、戦争後に占領者が直面する共通の問題点を洗い出し、それにイラク固有の問題を加味して、イラク戦争勝利後に米陸軍が直面するであろう問題を抽出し、その対応策を提示していた。

その戦略研究所の提言は、結論部分で次のように述べていた。

「実際のイラクは、戦略的な目標を達成する理想的な条件からはまるでかけ離れた状態にある。サダム・フセインは虐待に虐待を重ねた歴史に根ざした暴力的な政治文化の頂点に立っている。そのサダムが取り除かれれば民族的、部族的そして宗教的な分裂が内戦を引き起こし、国家を分断する原因となり得る。イラク国軍は国家の統一の象徴として役立てることができるが、より民主的な国家で運用するためには広範な再教育、再編成に時間をかける必要があるだろう。長年にわたる経済制裁はイラク経済を衰退させ国連の援助プログラムに依存する社会を作り出してしまっている。イラクの再建には莫大なアメリカの資源の投入が必要とされるが、長期にわたるアメリカのプレゼンスが維持されれば、より激しい暴力的な抵抗が醸成されていくだろう」

そしてこの提言の巻末には、「ミッション・マトリックス」という百三十五項目のチェックリストまで丁寧につけられており、主要戦闘終了後に誰が何をなすべきかを段階を追ってマトリックスでチェックできるようになっていた。この提言は二〇〇二年の十二月末には陸軍内部で広く回覧されたという。

なぜ国防総省は戦後計画を無視したのか

しかしこうした戦後計画が、ブッシュ政権の中枢部、とりわけ対イラク政策を取り仕切るようになった国防総省の高官たちに受け入れられることはなかった。

二〇〇三年一月二十日、イラク侵攻のわずか二ヵ月前に、ブッシュ大統領は復興人道支援室（ＯＲＨＡ）を国防総省内に発足させることを命じる秘密書類「国家安全保障大統領令二十四号」に署名した。これにより米国防総省は主要戦闘後の安定化・復興プロセスの責任を全面的に負うことになったのだが、これは米国防総省の歴史上初めてのことだった。通常は、戦闘部分を国防総省が担い、戦闘終了後の復興過程や国家再建にかかわる部分は、国務省や米国際開発庁（ＵＳＡＩＤ）もしくは国連に引き継がれるのが常だったからである。

国務省のＯＢでハイチやソマリア、ボスニアやコソボで戦後の復興や人道支援活動を監督し、アフガン戦争後の復興行政にも携わったジェームズ・ドビンスは次のようにコメントしている。

「過去十年間にわれわれが培ってきた国家再建のための仕組みを使わずに、われわれはまったく新しい方法をとった。それは国務省や国際開発庁から国防総省に責任を移管することだった。しかし国防総省はそれまでに一度もそのような責任を負ったことがなかったのである」

こうしてブッシュ政権は、戦後のイラク統治にあたって直面するあらゆる問題に関して、国防総省傘下のＯＲＨＡにすべての計画と立案を行う権限を与えたのであった。人道支援、大量破壊兵器廃棄、テロリストの打倒およびそこからの情報利用、天然資源とインフラの保護、経済の立て直し、食糧、水道、電気、医療などの重要な公共サービスの再建から、イラク軍の改革、他の治安機関の改善やイラク人主導の政府への主権移譲の支援といった多岐にわたるミッションが、この新設されたORHAの任務とされたのである。

ブッシュ政権がORHAの責任者に任命したのは退役陸軍中将のジェイ・ガーナーであった。ガーナーは九七年に陸軍を退役後、防衛企業L－3コミュニケーションズ社の子会社SYコールマン社の役員を務めていた。ガーナーは九一年の湾岸戦争直後に、当時のフセイン政権に追われていたクルド人難民への食糧援助や帰還を支援する作戦を指揮した経験があり、その実績を買われての登板であった。

ガーナーは、ORHAの任務が規定されている書類を見て衝撃を受けたという。それによると、彼はアメリカ政府の代表者としてバグダッドに送り込まれ、戦後イラクの復興に関するあらゆる事柄に責任を持つことになっていたからである。それにもかかわらず、そのとてつもない任務を遂行するための準備期間はわずか八週間しかなかった。

ガーナーはパウエル国務長官から「イラクの将来プロジェクト」の存在を聞き、すぐにこのプロジェクトの責任者だったトム・ウォリックに会い、感銘を受けた。またパウエル長官から「イラクの将来プロジェクト」の全資料に加え、その研究に携わった国務省のアラブ専門家七十五名のリストも受け取った。この国務省のメンバーを率いることになっていたのは、トム・ウォリックとイラクの専門家メガン・オサリバンだった。ガーナーにとってこれ以上ない助っ人である。

しかしすぐにラムズフェルド国防長官から横槍が入った。ウォリックとオサリバンをチームから外せというのである。二〇〇三年十一月二十五日に、ガーナーは英BBC放送とのインタビューの中で、国務省の「イラクの将来プロジェクト」が「意図的に国防総省に無視されていた」ことを暴露した。

「私は、ウォリックを外したくはありません。彼はあまりに貴重な人材です」とガーナーは訴えたが、ラムズフェルド長官は、「これは非常に高いレベルからきた命令なので私も変えることができないのだ。だから私はウォリック氏を外すようあなたに伝えているだけなのだ」と言ったという。国防長官より上と言えば大統領か副大統領しか考えられない。チェイニー副大統領が国務省の介入に反対した可能性は否定できないが、ラムズフェルドはたびたび自身の決断であるにもかかわらず「上が決断した」と言う癖があったので、これに関しても実際にはラムズフェルド自身が決断を下した可能性が高い。

ウォリックとオサリバンを国防総省が追い出したというニュースが国務省に伝わるとパウエルは激怒した。ボブ・ウッドワードの著書『攻撃計画』がこのときのやり取りを再現している。

「『どうなってるんだ?』パウエルは、電話でラムズフェルドにきいた。戦後の計画を立案するのだから、この仕事をやるのは政権転覆を支持して本気で作業に取り組むような人間でなければ困る。支持しないというようなことを書いたり口にしたりする人間はいらない、とラムズフェルドは言った。国務省の人間がチャラビのような亡命イラク人を支持していないことをほのめかしているのだろうと、パウエルは解釈した。とにかくパウエルとラムズフェルドは大喧嘩になり、ようやくパウエルのもとへ、オサリバンはガーナーのところの仕事に復帰してよいが、ウォリックはだめだと、ホワイトハウス上層部――ブッシュかチェイニーのことだろう――が決定したという報せが届いた」

ウォリックはネオコンやチャラビたちが主張するイラク民主化論に否定的な発言を以前にしたことがあった。また国務省のアラビスト（アラブ専門家）たちは総じてチャラビやINCには懐疑的であった。アーミテージがINCに対する資金供与を凍結したことは前述したが、アラビストに限らず国務省ではチャラビの悪評が広く伝わっていた。実際私が話したある東アジア担当の国務省高官も、「チャラビなんて高級スーツを着て、ワニ革の靴を履いてロンドンで優雅な暮らしをしている奴がどうやってイラクを民主化できるんだ」と吐き捨てるように述べ、チャラビに対する嫌悪感を露わにしていた。

実際この時期、戦後計画をめぐる国務省と国防総省の対立の溝は、到底修復不可能なほど深まっていた。元CIAの分析官でイラク史の専門家でもあるジュディス・ヤッペは、「ウォリックがペンタゴンの文民指導部のヴィジョンに同意していなかったため、ペンタゴンのブラックリストに載せられていた」と述べている。またガーナーの下でORHAに加わった元スーダン大使のティモシー・カーニーは、『ニューヨーク・タイムズ』のインタビューに答えて次のように語っている。

「バグダッドに着いたORHAは決定的に重要な人材を欠いていた。ORHAの上級レベルには当初ほとんどアラビストがいなかった。アラブ諸国での経験を持つものは含まれていたが、彼らは専門家には程遠く、アラビア語も話せなかった」

カーニー元大使はさらに、国防総省の高官たちが「アラビストはイラクを民主化することはできないと考えているので歓迎されないのだ」と話していたことも明らかにしている。イラクの戦後の復興安定化に不可欠とされた人材、この国の言葉や文化や習慣を理解している中東・アラブの専門家たちが、意図的に外されていたのである。ネオコンたちが支持するチャラビや彼らのヴィジョンに同意していなかったという理由で。

国防総省のネオコンたちは、CIAが主催した戦後イラクをテーマとした一連の机上演習などのシミュレーションにも参加することを拒否した。実は演習の序盤には国防総省の代表者も参加していた。しかし「ワースト・シナリオ」の内容が明らかになり、CIAが「イラク国内の分裂や対立は根深いため、早期の主権移譲は混乱を招くことになる」と考えていることが分かると、ラムズフェルドはその内容に憤慨した。そしてそれ以降その演習には国防総省の代表者を参加させなくなったのである。

二〇〇四年一月・二月号の『アトランティック・オンライン』誌で、ジャーナリストのジェームズ・ファローズが、こうした数ある戦後計画の存在を報告し、国防総省指導部がことごとく既存の計画を無視してバグダッドに突入していった様子をパワフルに描いている。この論文の中でファローズは、「ラムズフェルド長官周辺で〝戦後計画は戦争に対する妨害だ〟という考え方が強くなっていった」という興味深い事実を指摘している。戦後の状況に対する予測や計画を綿密に立てれば立てるほど、準備しなければならないことが次から次へと噴出し、それにかかる時間や費用も莫大なものになることが判明してしまう。このため、「そこまでして今すぐに戦争をする意味があるのか」という意見が強くなり、結果として好戦派の勢いを弱めてしまう危険性があった。ラムズフェルドたちは何よりそのことを恐れていたのだという。

そこで戦争が近づくにつれて、戦後計画に関する真剣な議論はほとんど「反戦行為」と同様に見なされる風潮ができていった。この辺りは客観的な議論ができない風潮が支配的になっていた第二次大戦前の日本社会とも共通する現象と言えるかもしれない。

私が戦後のある時期にインタビューした国務省近東課のある高官は、「戦後の一時期までブッシュ政権内で『占領（オキュペーション）』という言葉はほとんど聞かれなかった」と述べていた。その代わりに「解放（リベレーション）」という言葉が使われ、長期にわたる「占領」が必要だという分析や提言などには目を伏せたという。つまり、「最悪の事態に備えるべきだ」という冷静な助言はあえて聞かないようにした。政権全体にそのような硬直的な風潮が醸成されていったのだと証言していた。

リチャード・ハース元国務省政策企画室長は、戦争は、自衛のための止むに止まれぬ「必要の戦争」と、そうではない「選択の戦争」に分かれると定義している。後者は、他の政策オプションがあるにもかかわらず敢えて「戦争」というオプションを「選択」したということを意味している。言うまでもなく、ハースは「イラク戦争が選択の戦争だった」と述べているのである。「必要の戦争」であれば、いくら戦争や戦後に費用がかかろうが、どんな困難が待ち受けていようがやらざるを得ない。しかしわざわざ「戦争」というオプションを「選択」したにもかかわらず、それほど莫大な費用や人的資源が必要になるのであれば、「外交などの他のオプションで行けばいいではないか」と国内の支持を得ることが難しくなる。このためブッシュ政権のネオコンたちは、戦後に関するバラ色のシナリオばかりを宣伝し、「戦後に困難と直面するかもしれない」という現実と向き合うことをなるべく避けようとしたのであろう。

アンソニー・ジニ元中央軍司令官の証言

ブッシュ政権が、イラク戦争に関するマイナスの側面を一切議論しようとしなかったことを示すよい例が、戦費や復興経費に関する議論であろう。イラク戦争前にブッシュ政権高官はこの点に関して具体的な数字をほとんど明らかにしなかった。

二〇〇二年九月に、ホワイトハウスの経済顧問ローレンス・リンゼーが沈黙を破り、イラク戦争と戦後の費用はGDPの一～二%、すなわち千億ドルから二千億ドルに上るだろうと述べた。しかしリンゼーはこの発言が仇となって、その年の秋には政府を去らざるを得なくなった。また同年十二月には運営予算局のミッチ・ダニエル局長が戦費は五百億ドルから六百億ドルと記者会見で口を滑らせ、その発言が『ニューヨーク・タイムズ』紙で報じられると、彼はすぐにその発言を撤回した。政権上層部から圧力がかかったのは明らかだった。そしてそれ以降、誰一人として戦費・復興費にどれくらいかかるのかについて触れたがらなくなってしまった。

同様のことはイラク戦争及び戦後に必要な軍人の数についても言えた。陸軍の制服組は当初から数十万人規模の大量の人員を投入する必要性を認識していた。軍はこれまでの経験から戦後の治安維持にマンパワーが必要なことを心得ていたし、前述した「陸軍大学の提言」も読んでいたので、占領の見通しは甘くないことくらいわかっていた。

最初にラムズフェルド長官からイラク戦争計画立案を命じられたときに、制服組が立てた計画は、四十万人規模の兵力を投入するというものであった。しかし国防長官が求めたのは、アフガン戦争型の小規模で機動的な部隊を運用した、速さと奇抜さに基づいた作戦であり、それに必要な最低限の人員だった。長官が考えていたのは七万五千人規模だったという。しかし陸軍が四十万人必要と考えたのは、実際の戦闘だけでなく、その後の占領も考慮に入れていたからであった。が、ここでも必要な軍隊の規模が大きくなればなるほど、それに要する準備期間も費用もかかるため、戦闘はなるべく少人数で行われ、しかも戦後にどの程度のマンパワーが必要になるかは、ほとんど表だって議論されなかった。

ラムズフェルド長官が具体的な戦争計画立案を命じたときに制服組の手元にあったイラク侵攻計画は、クリントン政権時代にアンソニー・ジニ中央軍司令官の下で作成された「OPLAN1003―98」だった。この計画では三十八万から四十万の兵力が投入されることになっており、イラクの国境警備、国内で発生すると思われる暴動、反乱への対処、既存のイラク軍の再編制などが含まれており、最低でも三十八万人は必要と計算されていた。ラムズフェルド国防長官は二〇〇一年十一月の時点で、すでにこの「OPLAN1003―98」を「時代遅れ」と断じ、この計画は参考にしない方針を立てていた。

一九九八年にイラクに対する空爆作戦「砂漠の狐」作戦を指揮したジニ元司令官は、ブッシュ政権が進めるイラク戦争に反対の立場を公の場で堂々と述べていた。一九六一年に海兵隊に入隊して以来、ベトナム戦争をはじめ多くの戦争を経験し、実任務で世界七十ヵ国以上に派遣された経験を持つジニ大将は、文字通り戦争を知り尽くした人物だ。その半生はトム・クランシーの『戦闘準備万端』で余すところなく描かれており、ジニ大将は米国では国民的英雄でもある。ブッシュ政権が行ったイラク戦争で米軍が陥ってしまった状況は、ジニ大将が「OPLAN1003—98」を作成したときに「避けなくてはいけない」と想定した事態だったに違いない。そのジニ大将は今(二〇〇八年)の状況を、このイラク戦争をどう見ているのだろうか。

ジニ大将は退官後、さまざまな民間企業や非政府組織の顧問をしているが、その一つに民間軍事会社のダイン・コープという会社がある。私の友人の一人でアメリカの軍事関連業界に非常に顔の広い人物がいる。その友人に、「ダイン・コープ社に誰か知り合いはいないか。ジニ大将にインタビューをしたい」と頼むと、一週間ほどでインタビューを手配してくれた。その友人から「この日なら彼は時間がある。朝八時にダイン・コープ本社に行くように」との返信が送られてきた。さすがは軍人、朝が早い。朝食会でもないのにワシントンで朝八時に呼び出されたのはこれが初めてだった。

ジニ大将は非常に温厚で控えめな、失礼な言い方をさせてもらうと「どこにでもいそうな」年配の紳士だった。インターネットなどでよく目にするのは、GIカットのいかにも「海兵隊」といった写真なのだが、面会した時には髪の毛も伸ばしており、しかも体格は非常に小柄であり、かつて中央軍を率いた海兵隊の猛者にはとても見えなかった。

イラク戦争についての所見を伺うと、ジニ大将は「そもそもイラクに対する封じ込めは十分に効いていたので、サダムは全然脅威などではなかった」と力説した。

「ブッシュ・シニア政権以来、アメリカは冷戦後の新しい脅威に対処するため、非常に効果的なモデルを構築してきた。冷戦後の最大の国際的危機はイラクによるクウェート侵攻だったが、この事態に対処するために当時のブッシュ・シニア政権は、単独でやらずに国連に行った。当時のアメリカは世界で唯一の超大国になっていたから、はっきり言ってそんなことをしないで単独でやることは十分に可能だった。しかしそうする代わりに国連で決議をとり、アラブ諸国、イスラム諸国、欧州諸国やアジア諸国から成る歴史的にみても前例のないグローバルな連合を構築してからイラクと戦争をした。

しかも国連決議に則ってクウェートからイラクを追い出すところで止め、バグダッドまで攻め入ることはしなかった。そしてその後再び国連に行ってイラクを制裁下に置き、封じ込める体制を構築した。この後十二年間にわたって、われわれはこの国際的なシステムの中でイラクを封じ込めてきたのだ。封じ込めは効かないなどと言う連中もいるが、効いていたからサダムは大量破壊兵器を開発できなかったのだ」

ジニ大将はこう述べて、ブッシュ・シニア政権が外交と軍事力を絶妙に使いこなし、国際的にサダム・フセインを封じ込める体制を築いていたと指摘した。さらにこの湾岸戦争が、その後の国際紛争に対する介入の新しいモデルとなっていた事実も明らかにした。

「われわれがソマリアに行ったときにも、ハイチやボスニアやコソボに行ったときにも、われわれは基本的にこのモデルを踏襲していた。私がソマリアに行ったとき、エジプトやサウジやクウェート、それにアラブ首長国連邦やパキスタンなど多くのイスラム諸国がわれわれと共に兵を出してくれた。バルカン紛争のときもエジプトやアラブ首長国連邦は派兵してくれた。ブッシュ・シニアが作ったこのモデルは非常に効果的だったので国際的にも人気があったのだ」

ジニ大将はサダムが「いつか何とかしなくてはならない相手である」ことは認めながらも、このように効果的な国際システムの下で封じ込められているサダムを、わざわざ国際秩序をぶち壊してまで単独で攻撃することの意味はないと考えたのだという。

ジニ大将は一九九九年六月には、万が一イラク戦争が行われたとして、主要な戦闘後にどんな事態が起こり、それに対してどう対応すべきかを知るために、「戦後」をテーマにした秘密のウォーゲームも行っている。政治的な行政府はどうしたらいいのか、電気やガスなどの基本インフラの再建はどうすればいいのか、イラク警察再建のための訓練は誰がどのように行えばいいのかなど、イラク復興全般にわたる机上演習を国務省や他の関係機関の代表者も交えて行ったのである。

「われわれは戦闘計画だけでなく、戦後の復興計画も用意しておかなくてはならないと思ったのだよ。当時はこの復興にかかわる計画がまだ存在しなかったから。われわれが今回のイラク戦争後に直面した問題は、一つ残らず全てこの演習の初日の段階で浮き彫りになっていた。『砂漠の交差点』と題されたこの演習もまた、『OPLAN1003—98』同様、ラムズフェルドやネオコンたちから完璧に無視された。計画はなかったんじゃない、これまで国防総省や米国政府内に蓄積されてきた過去の経験や努力が無視され、無駄にされただけだ」

ペンタゴンナンバー3の証言

ラムズフェルド長官やペンタゴンのネオコンたちが、既存のイラク侵攻計画や、国務省やCIAが提案した戦後計画を脇に追いやったのには、いくつもの理由があった。

「ブッシュ政権中枢がなぜ詳細な戦後計画を準備しなかったのか」について、ペンタゴンのナンバー3だったダグラス・ファイス国防次官は雑誌『ニューヨーカー』とのインタビューで、「ラムズフェルド国防長官にとっての大きな戦略的テーマは不確実性だ」と述べて、次のような興味深い事実を明らかにしている。

「不確実性と戦略的に渡り合う必要性、未来を予見することの困難さ、我々の知識の限界、そして我々のインテリジェンスの限界が彼のテーマだったので、長官はいわゆる予言の類が大嫌いだった」のだという。将来起こることに関するわれわれの知識は非常に限定されているので、「長官の前で『将来はこのようになるでしょう』というような発言をした者は、国防長官室から叩き出されるか、それ以降の発言を許されなかった」とファイスは述べている。

体よく格好をつけて語っているが、要するに「将来のことなんて誰も分からないのだから一々計画を立てて備えても仕方がない」という驚くべき乱暴な議論に聞こえる。確かに戦争がどのように始まり、どのような経過を経て、どのように終わるかによって、戦後の状況はまったく違ってくる。状況次第で戦後のシナリオは無数に想定できるので、それを一々計画するのは無意味と考えたのかもしれない。しかしこれまで見てきたように、国務省の「イラクの将来プロジェクト」や陸軍大学の提言は、戦後の混乱をかなり正確に予測していたし、戦闘終結直後に起こり得る事態の予測はそんなに難しいことではなかった。

しかもベストのシナリオからワースト・シナリオまでの幅を持たせたいくつもの想定の下で、どのような対応をすべきかを考えて柔軟な対応策を練っておくことは、軍隊のような組織が当然やるべき仕事である。

やるべきことを敢えてやらなかったというのが実態であり、その理由はファローズが指摘していたように、「戦後計画を詳細に検討することが好戦派の勢いを弱めてしまう」という点にあったのだと考えられる。とりわけ、ワースト・シナリオを想定すれば、ジニ大将たちが行った演習から明らかなように最低でも三十八万人の兵力が必要になってくる。「スモール・イズ・ビューティフル」にこだわり続けたラムズフェルドは、何としても小規模軍隊でイラクを倒し、自身が信奉して止まなかった軍事革命（RMA）路線の正しさを証明したかったのであろう。

そして「戦後」はファイスたちネオコンが望むように、チャラビを中心とする亡命イラク人たちにさっさと権限を移譲してしまえばいいと考えていたようだ。実際、戦後計画をめぐる《国防総省・副大統領室》と《CIA・国務省》の最大の対立点は二つあった。一つは「アフマド・チャラビを支援するかどうか」という問題であり、もう一つは「戦闘終結後に亡命イラク人で構成される暫定政府に早期に主権を移譲するかどうか」であった。この二つは互いに密接にリンクしており、早期に暫定政府を組織してそこに権限移譲をすることは、事実上、亡命者組織の中でそのための準備をもっとも進めていたチャラビたちが暫定政府で主導権を握ることを意味していた。

面白いことに、ダグラス・ファイスが自伝の中で、この対立の模様を生々しく描写し、《CIA・国務省》連合を猛烈に批判している。少し長くなるが引用してみよう。

「主要な対立の一つは、またもやイラクの国外反体制派グループ、その中でも特にアフマド・チャラビと彼のイラク国民会議（INC）をどのように扱うか、だった。すでに見たようにリチャード・アーミテージは、INCがアメリカの情報機関員たちに文書や人的情報源を提供する情報収集プログラムを停止させていた。（中略）二〇〇二年七月二十五日に、アーミテージはサダム政権転覆後のイラク統治に関する二つの文書を関係者に配付した。この二つの文書は、国務省が、相反する二つの目標の間で自己矛盾に陥っていることを物語っていた。つまり一方でイラク人自身が統治することを求めながら、別の文書では亡命者たちが主導権を握ることを避けるため、長期間にわたるアメリカ人によるイラク統治を求めていたからだ」

ファイスによると国務省の文書は、一方で「アメリカが占領者として見られてしまうと状況を不安定にさせ、治安悪化を招くことになる」としておきながら、もう一方の文書では「国際的に正当性のある行政権限がアメリカ主導の暫定文民政府にあることは明白である」と述べてアメリカによる占領統治を肯定しているため、互いに矛盾しているというのだ。特にこの二番目の文書は、「イラク国内の政治勢力の権限を剝奪しないように見せることが最も重要であり、そのためにもアメリカが表向きの指導的役割を果たし、イラク国内から信頼すべき民主的な指導者が出てくる時間を稼がなくてはならない。それゆえアメリカ主導の暫定文民政府はイラク人への主権移譲を〝ゆっくり〟と行うべきであり、民主的な組織を建設するまでの暫定期間として数年間を要すると考えるべきである」

としていた。ファイスは、これは「酷い矛盾だ」として「国務省もCIAも亡命者に反対する感情が強すぎてこの矛盾に気づかずに支離滅裂になっていた」と書いている。このファイスの説明だけを読んでいると、CIAと国務省のアプローチはいかにも矛盾しているかのように見える。

が、CIAと国務省が前提としていたのは、「チャラビはイラク国内の支持基盤がない」という事実であった。実際世論調査では亡命イラク人の中でチャラビがもっとも人気がなかった。ある調査ではサダム・フセインよりも人気がなかったほどだ。そんなイラク国内に基盤のない「イラク人」を中心とした暫定政府を作り、そこに早期に権限を移譲してしまえば、イラク国内の政治勢力を無視することになり、彼らの反発を招く恐れがある。つまり「チャラビを中心とした暫定政府ではイラク国内で正当性が得られない。イラク国内で本当に指導力があり正当性のある政治勢力が誰なのかがわかるまで、しばらくはアメリカ主導の暫定文民政府を設立した方がいい」というのが、国務省やCIAの考え方だった。

要するに「チャラビに権力を取らせるくらいなら、アメリカ主導の暫定政府で行く方がましだ」というのが国務省案のエッセンスであり、これほど強烈な反チャラビ感情にファイスは驚きを隠せなかったわけだ。ファイスは続けてこう書いている。

「武装反乱という事態を前にしても、有力な政権高官たちは、〝サダム後のイラクにおいてアメリカが対処しなくてはならない主要な危険はイラク人亡命者たちだ〟と信じ続けていたことは驚きだ。暫定文民政府の背景にあった考えは、亡命者たちがサダム後のイラクの政治舞台を独占することを防ぐということに他ならなかった。しかしなぜそれがアメリカの政策目標にならなくてはいけないのか。この点を指摘されると国務省とCIAの高官たちは、亡命者の指導者たちは必要な能力を持っておらず、それ以上に正当性を欠いている、と主張するのだった」

このファイスの証言から、国務省とCIAがどれだけ強くチャラビへの権限移譲に反対していたかがわかるであろう。

ラムズフェルドやネオコンたちのイラク戦後計画の中核は、チャラビを中心とする亡命イラク人組織による暫定政府に早期に権限を移譲してしまうことであり、チャラビ自身そのようにネオコンたちに助言をしていた。ファイスは回顧録の中でこの事実を否定しているが、二〇〇八年十二月に米国防総省の監察官が記した内部報告書の全文が公開され、その中に次のような記述があることを発見した。

「アフマド・チャラビは、新生イラクの潜在的政治指導者としての承認を明示されたことはないが、何人かの国防総省高官は明らかに彼を暫定イラク政府の指導者に据えることを支持していた。『われわれは話し合いをしました。彼のオフィスで二人だけで』とガーナーはファイスについて回想した。『彼はこう言いました。〝もし君がイラクに着いたら単にチャラビを大統領にすると宣言すればいいんだ。そうすれば君の仕事はもっと楽になるだろうから〟と』またウォルフォウィッツとファイスは二度、別の機会に国家安全保障会議（NSC）でブッシュ大統領に対してチャラビをイラク大統領に据える案を直接提案している。大統領はこの提案を退けたものの、チャラビはガーナーに先んじてイラク入りした」

これに対してCIAや国務省はチャラビやネオコンに対する激しい憎悪を背景に、この計画を潰すべくアメリカ主導の暫定文民政府の樹立案を出して必死に対抗したのである。

ブッシュ政権外では、ネオコン言論人たちが国防総省の路線を支援するメディア・キャンペーンを展開していた。二〇〇三年四月五日付『ワシントン・ポスト』紙で、「リアル・ネオコン」の一人リチャード・パールは、「西側の価値観を理解したイラク人亡命者たちを中心にした暫定政府を早く立ち上げるべきだ」と主張してファイスたちを援護した。「イラク国内にイラク国民の支持を得られる人材が存在するという考えは非常に疑わしいもの」であり、「この時期に来てもなお、反フセイン派の亡命者に対して完全な役割を与えることを拒むなんて信じ難いことだ」と述べて、パールは国務省やCIAの姿勢を痛烈に批判した。パールは個人的にもラムズフェルドに電話を入れて「早くチャラビに権限移譲をするように」と発破をかけていたことが記録されている。

こうした国防総省や政権外のネオコンたちの支持を受けて、INCのチャラビ議長もやる気満々で、「自分は顧問のような仕事に就く気はない」と堂々と表明し、暫定政府の指導者になる意思があることを高らかに宣言していた。

この両者の対立の溝が埋まらないため、ブッシュ大統領と側近たちは二〇〇三年四月四日にホワイトハウスで緊急の会合を開催し、そこでライス国家安全保障担当補佐官が、「イラク国内の幅広い層からなる政府を作る必要性」を強調した。「アメリカ主導の連合暫定当局を設置し、イラク国内から有能な人材を探すべきだ」とライスは主張し、事実上国務省の側についた。つまり「亡命者たちを担いでイラク暫定政府を立ち上げるのは時期尚早」と述べたのである。

結局ホワイトハウスは両サイドの妥協点として、チャラビを暫定政府のプレーヤーの一人としては認めるものの、「彼に独占はさせない」、つまり「どのグループにも完全な満足は与えない」という決定を下した。この決定にはイギリス政府も同調しており、四月八日にブッシュ大統領とブレア英首相は、「暫定政府は広範な基盤を持つもので、イラクのあらゆる民族グループ、地域や亡命者の利益を幅広く代表するものでなくてはならない」とする共同宣言を発表したのである。

ネオコンやチャラビにとって大きな後退であった。

「自由イラクの戦士」訓練計画

国務省と国防総省はこれ以外にもチャラビをめぐって衝突を繰り返すことになるが、その一つが、「チャラビの民兵」をどう扱うかという問題であった。国防総省、とりわけウォルフォウィッツ国防副長官は、チャラビのINCを通じて徴募した亡命イラク人数千名を訓練して「自由イラクの戦士」に育て、米軍と共にバグダッドに送るという大胆な構想を持っていた。もっともこれはウォルフォウィッツ周辺のネオコンだけが強く主張していたもので、実際に作戦を遂行する米中央軍は「冗談じゃない」と反対していた。国務省はウォルフォウィッツとネオコンが「チャラビの民兵集団」を作ろうとしているのではないかと強く疑っていたし、CIAはそもそもそのような反体制派への軍事訓練を公然と行うこと自体に反対だった。

しかしチャラビはイラク解放法の下で「イラク反体制派」に支給されることになっていた九千七百万ドルの資金の大部分が、アーミテージがINCに対する支援を凍結したことによって宙に浮いていることに目をつけた。そしてこの計画の実現に向けて猛烈なロビー活動を展開、国防総省内のネオコンがこの計画の実現にこぎつけた。

ウォルフォウィッツたちは、ファイス国防次官が統括する特別計画室（OSP）と元陸軍大将のデヴィッド・バーノにこの「自由イラクの戦士」訓練計画を担当させた。もっとも国務省やCIAの強い反対に遭ったことから、この計画は「米軍と共に戦う戦闘部隊」を育成することから、「米軍を支援する偵察兼通訳隊」とすることに「格下げ」されている。

それでもこの「戦士」たちは自衛のための訓練を受け、9ミリのピストルで軽武装することになった。イラク入りした米軍部隊を案内する通訳、文化面でのアドバイザーといったところが、この「戦士」たちの具体的な役割となったのである。

このチャラビの「自由イラクの戦士」たちの訓練は、ハンガリーにあるNATOの空軍基地で行われることになった。ハンガリーのタザール空軍基地には新品の装備品と経験豊富な教官が揃えられ、二〇〇三年一月までに「オープニング」の準備が整った。そして開店したばかりのレストランのように、客が来るのをひたすら待ち続けた。しかしチャラビのINCがリクルートして次々にハンガリーに送り込まれることになっていた自由戦士の訓練生はなかなか現れない。インストラクターたちは訓練すべきイラク人の生徒を待ち、訓練生のための宿泊施設には未使用のベッドが空しく並び、新品の武器が箱に納められたまま倉庫に積み上げられた。

本書ですでに何度も登場しているローレンス・ウィルカーソン元国務長官首席補佐官は、この辺の事情について私とのインタビューで次のように述べている。

「国務省はこの訓練のための基地を確保するために、ハンガリー政府と大変な交渉をしてやっとあそこまで調整したのに、全然生徒が集まらなかった。チャラビは数千名を確実にハンガリーに送ると約束したので、三千名を訓練できる体制を整えたのだが、結局全部でチャラビたちが何人送ったと思う？　たったの九十五人だ。しかも四週間の訓練課程を最後まで受けたのはその中の七十四人だけ。チャラビという奴は口では大きなことを言うし、約束はたくさんするけれど、実際には全然約束を履行できないのだということがよくわかったよ」

しかしチャラビがハンガリーに訓練生を送らなかった理由は別にもあるようだ。このプロジェクトを担当したバーノ大将は、「この訓練に参加させてしまえば、このイラク人たちに対するコントロールを失ってしまうことをチャラビは恐れた」と見ている。

「私の個人的な見解だが、チャラビたちはある時点で気がついたのだろう。もし自由戦士の候補生たちをわれわれの下で訓練させてしまえば、このイラク人たちを自分たちの完全なコントロール下には置けなくなってしまうということを。結局のところ、自分たちでコントロールできないのであれば、この訓練プログラムに人を送るメリットはなくなってしまうから」

実際チャラビは自分の息のかかったイラク人たちをハンガリーに送るのではなく、イラク北部に送って「民兵」とする道を選んでいた。いずれにしても、千名の教官やスタッフを抱え、三千名のイラク人を訓練するというこの「自由イラクの戦士」訓練計画は、史上稀に見る税金の無駄遣いとして記録されることになったのである。

ガーナー更迭の背景

一方、こうしたワシントンでの国務省・国防総省の対立やホワイトハウスの決定は、イラクに派遣されて戦後復興の重責を担うことになっていたガーナーのチームには全く知らされていなかった。

戦争が始まるとガーナー率いるＯＲＨＡは、クウェートで待機しながら具体的な準備作業に入ったが、彼らがこの準備過程でもっとも困ったのが、現場の情報がほとんどないことだった。一握りの国務省高官は実際にイラクでの任務を経験していたが、それも湾岸戦争以前のことで、アメリカがフセイン政権と断交した一九九〇年以降のイラクを知るものは一人もいなかった。そこでイラクに入ってから、どうやって信頼できる地元のスタッフを見つけるかも大きな問題として議論されたという。

しかもイラクに派遣された米軍の司令部は、ＯＲＨＡを支援することを優先事項として扱っていなかった。ラムズフェルドから軍上層部にあてられた四月二日付のメモには、「必要に応じて」ガーナーたちを支援するように、と書かれていた。軍隊の用語で「必要に応じて」とは事実上「他の切迫した問題がない限りにおいて」と訳されており、「余裕があれば助けてやれ」程度の重みしかない。当然ガーナーたちは現場の派遣部隊から適宜必要な支援を受けることができず、その活動が大きく制約された。

また当時ガーナー・チームに加わっていたメンバーの一人は、ORHAのメンバーたちが戦後イラクの複雑さや問題の性質をほとんど事前に想像できていなかったと『ワシントン・ポスト』紙とのインタビューで話している。彼らが想定したシナリオは例えば、「数日間に及ぶ市街戦の末、バグダッドが陥落。死体が路上に散乱し、家屋は爆撃を受けて破壊され尽くしている。電気や水は欠乏し、レジスタンスがあたりに潜んでいる。バグダッド市内のあちらこちらでは火災が発生している……」、そんな状況の中で活動をスタートさせる、というようなものだった。

そして「破壊されて散乱したゴミなどを回収するにはどうしたらいいか、電力プラントを復旧させたり、大量の死体を効率よく処分するにはどうしたらよいか」などを議論していたので、その後イラク入りしたメンバーたちは、実際のイラクの状況が全く事前の予想と違っていたことに「大きなショックを受けた」という。

実際にガーナーたちが目にしたのは凄まじい略奪、強盗、殺人の横行だったからだ。しかし現場にいた米軍はどうすべきかの指令をまったく受けておらず、ラムズフェルド国防長官は止めるどころか、「自由な人々には間違いを犯す自由があり、犯罪を行う自由があり、悪いことをする自由があるのだ」という驚くべき見解を明らかにして、復興に必要な重要なインフラが破壊されるのをただ傍観していた。

二〇〇三年四月末に米ブルッキングス研究所で行われたシンポジウムで、同研究所のケネス・ポーラック上級研究員による「バグダッド取材報告」を傍聴したことがある。同研究員によると、現地の米軍はバグダッド陥落から最初の六週間、ワシントンから何の命令も受けることがなかったという驚くべき当時の状況を報告していた。

このような状況では、ガーナーたちにできることは限られていた。ガーナーたちが早急に取り組むべき優先事項と考えていたのは、三つの事態だった。一つ目は大量の難民や大規模な人の移動が起きるのではないかという点。二つ目はそれに伴って発生する飢饉や疫病などの被害をどう最小限に食い止めるかという点。そして最後は油田や石油施設に対する放火をどう防ぎ、火災をどう迅速に鎮めるか、という点だった。

ガーナーはメンバーたちに、ＯＲＨＡの使命は九十日間でやり終える仕事であることを繰り返し説明しており、四月一日に南部イラクの港町、ウンム・カスルに着いた時には、公の発表でその旨を明らかにしていた。

最初の三ヵ月で戦争の結果起きる二次的な災害などを防ぎ、それが済み次第亡命イラク人たちを中心とする暫定政府に権力を引き継がせる予定だったのである。しかしその三つの事態は発生しなかったのだから、ガーナーたちはまったく手探りで占領統治をはじめたことになる。

ガーナーは早期に暫定政府に権力を引き継がせるという国防総省案が、四月四日にホワイトハウスで覆されていたことを知らずに、現場レベルでその調整を進めていく。四月十五日にガーナーは、暫定政府の受け皿を作るべく、亡命イラク人を中心にしたイラク人の大会をナシリヤで開催し、大会には百名ほどのさまざまな思想的背景を持つイラク人たち、その多くはそれまで政治的に活発ではなかった部族の代表者たちが集まった。しかしイラク・イスラーム革命最高評議会（SCIRI）はじめイラク南部で影響力の強いシーア派の宗教指導者たちは参加をボイコットし、イスラム国家樹立や米軍の撤退を求めた。

続く四月二十六日にはバグダッドで集会が開かれ、二百五十人が集まり、一ヵ月以内に暫定イラク人政府を立ち上げる大集会を開催する宣言を採択した。そして五月はじめにガーナーは、「来週かもしくは五月末までには、イラク人の顔を持つ暫定的なイラク政府の核の始まりをわれわれは見ることになるだろう」と述べていた。

しかし亡命イラク人を主力とする暫定政府の立ち上げを目前にして、突如ガーナーが更迭された。四月四日のホワイトハウス決定を受けて、早急にイラク人による暫定政府を立ち上げるのではなく、アメリカ主導の暫定文民政府による占領体制が開始されることになったのである。

こうしてガーナーに代わり、文民行政官としてポール・ブレマー三世がバグダッドに派遣され、六月一日付でORHAは解散となり、占領統治行政はCPA（連合国暫定当局）が主体となる体制に引き継がれることになった。ガーナー自身は後に英BBCとのインタビューで、「自身の罷免は国務省と国防総省の権力争いが原因だった」と明確に述べている。

五月十一日にイラク入りしたブレマーは、そのわずか二週間前にガーナーによって発表されていた「五月末までにイラク人暫定政府を立ち上げる」という案を正式に撤回した。イラク人亡命者たちは権力の座まで今一歩のところで「待った」をかけられた形となった。チャラビたちが強い不満を表明したのは無理もない。

これはイラク戦後政策における最初の大きな転換点だった。

これまで見てきたように、イラク占領統治の混乱と矛盾は、戦後政策をめぐる《国防総省・副大統領室》と《国務省・CIA》の間の凄まじい内紛から出発している。「選択の戦争」を是が非でも進めるために、戦後に予想されるマイナス面をなるべく見ないように、見せないようにしてきたネオコン勢。小規模部隊で一気にバグダッドを陥落させ、戦闘後は早期にチャラビを中心とする亡命者組織に国家運営の権限を移譲してしまうというのが、彼らのグランド・ストラテジー（大戦略）だった。

そしてこの計画を阻止するために、政権内部で妨害工作を展開したのが国務省とCIAの連合だった。国務省・CIA連合は、ネオコンたちが策した「亡命イラク人への早期権力移譲」という計画を潰すことには一応成功した。しかしアメリカ主導の連合国暫定当局の中で一定の権力基盤を得たチャラビたちは、自分たちの権力拡大を目指して飽くなき闘争を継続し、ワシントンでのネオコンとCIA・国務省の闘争も激しい憎悪の念を増幅させながら、ますます激化していく。

第6章

占領統治の壊滅的な失敗

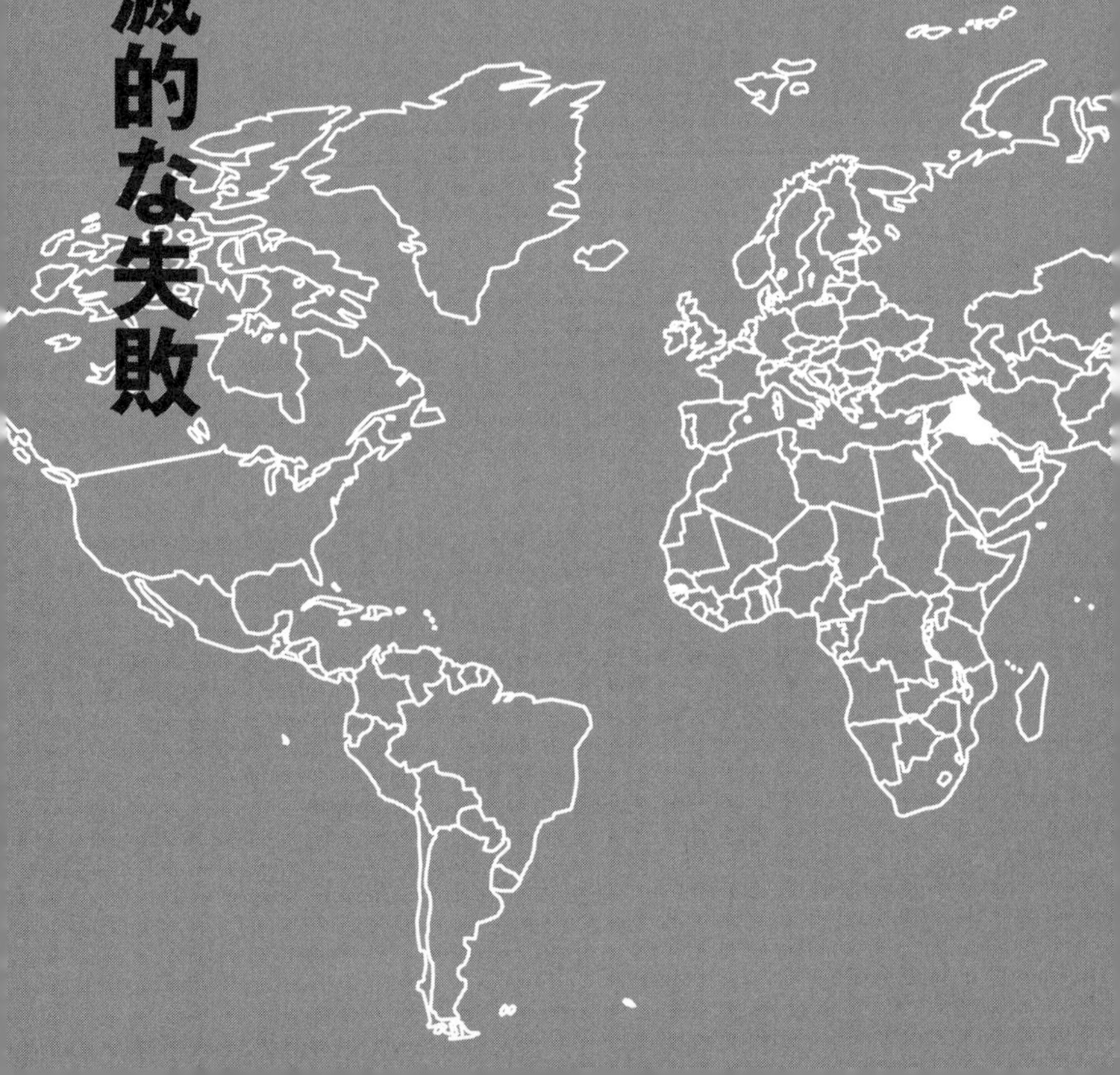

中東のど素人による統治

ポール・ブレマー三世のバグダッド到着は、「イラク社会に劇的なインパクトを与え、占領政府の権威を高め、混沌とした状況に終止符を打ち、アメリカがコントロールを取り戻す契機となる」……、少なくともブレマーや彼を送り込んだブッシュ政権は、そのような政治的インパクトを狙っていた。

ブレマーは同僚に宛てたメモで、「私のイラクへの到着が〝サダム主義を排除する〟というわれわれの決意をイラク国民に示す明確な意思表示となり、そのための断固たるステップとして位置づけられることを望む」と書いていた。そしてブレマーは着任早々、「サダム主義を排除する」ためという名目で、矢継ぎ早に二つの「断固たるステップ」を発表した。

そもそもアメリカによる正式な占領政府である連合国暫定当局（CPA）によるいかなる政策もうまく行く見込みは低かったのだが、ブレマーは着任早々に非バース党化政策とイラク軍解体命令という二つの政策を発表した。これらの政策は、占領政府の権威を高めるどころか、逆に著しく失墜せしめ、反米武装勢力と彼らの活動を支える基盤を強固なものとし、イラクの治安を急速に悪化させる壊滅的なものだった。

「壊滅的な決断」……、当時の状況をよく知る誰もがそう呼ぶほどの決定的に取り返しのつかない政策は、いったいどのようにして下されたのか。

ポール・ブレマー三世は二十三年間の外交官としてのキャリアを持ち、退官後はキッシンジャー・アソシエーツのマネージング・ディレクター、そして危機管理と保険サービスの大手マーシュ・クライシス・コンサルティングの最高経営責任者（CEO）をつとめた。専門分野はテロ対策であった。国務省出身者だが、ラムズフェルド国防長官とは三十年前のフォード政権で一緒に働いて以来の付き合いがあり、チェイニー副大統領やネオコン・グループとも折り合いはよかった。

ブレマーは二〇〇三年四月の初旬に、ルイス・スクーター・リビー副大統領首席補佐官から、イラクで最高位の文民行政官というこのポストへの就任に関して打診を受けている。二〇〇三年四月はじめと言えば、ガーナーたちがバグダッドにORHAの拠点を築こうと懸命に奔走していた時期である。

ブレマーは中東に関してはまったくの素人であり、長い外交官としての経験はあるものの、この地域での経験はほとんど皆無だった。しかし国務省のアラビスト（アラブ専門家）たちを毛嫌いしていたラムズフェルド周辺では、「中東での経験なし」というブレマーの経歴は、「むしろプラス」であると評価された。

ブレマーはイラクで次になすべき政策について、ラムズフェルドやその周辺の文民指導部、すなわちネオコンたちと協議してからバグダッドに向かっている。そして着任してから数日後の二〇〇三年五月十六日、最初の「壊滅的な」政策を発表した。すなわちCPAの法令第一号として、「CPAが暫定的な移行の期間中、イラクを効果的に管理・運営するため、一時的に政府としての権限を行使する」ことを定め、ＣＰＡをイラクの占領政府として明確に位置づけたのである。

そして同時にバース党の上位四階級のすべての党員を公職から追放するという「非バース党化命令」を発令した。この命令は、バース党の権力構造を解体し、バース党の指導者たちを権力の座から取り除き、「新しいイラク人の代表者による政権が、復権を図る旧バース党分子の脅威から解放されること」を狙ったものだとブッシュ政権は説明した。この命令によりバース党の上位三階級の地位にある政府機関の管理職についているすべての職員が即座に解雇された。

しかしこの命令は、イラク社会の現実を全く無視したものであり、バース党の大多数を占めていたスンニ派市民を戦後イラクの新しい社会から排除することを意味していた。国務省の上級顧問として「イラクの将来プロジェクト」にかかわったデヴィッド・フィリップスは回顧録『イラク失敗』で次のように書いている。

「バース党の二百万人の党員の中には省官庁の多くの中堅職員や学校の教師なども含まれており、彼ら党員全員がバース党のイデオロギーに共鳴していたわけではない。（中略）バース党の党員になることは公務員の仕事を得る上での前提条件であり、大学の教授や医師、エンジニアなどが含まれていた」

ブレマーの「非バース党化命令」により、教師や医師を含む十二万人の政府職員が一夜にして職を失い、家族を養う糧を失くしただけでなく、二度とその仕事に就けないという絶望的な未来を宣告されたわけである。当時、サダム・フセインの故郷でスンニ派地域のティクリート県に駐屯し、同県の復興・再建を進めていた米軍指揮官は、「学校を再開させる準備をしていたところ、県内にいる数千名の教師を解雇するようにという一方的な命令を受けた。彼らが熱心なバース党員であるという理由からだった。ブレマーのCPAはこの教師たちへの給与の支払いも即刻停止するように求めてきた。この突然の教師解雇の影響はティクリート社会全体にじわじわと波及し、急速に拡大していた武装反乱に対する支持を強固なものにした」

と当時の状況を述べている。非バース党化命令がスンニ派住民たちを失望させ、武装反乱を激化させる土壌を作ってしまったことは間違いない。

ガーナーと当時のCIAのバグダッド市局長は、「この政策は不必要に連合国の敵を作り出してしまっている。長期的にはイラク国内の国民和解をも困難にするものだ」として政策の修正を求めたが、ブレマーは「ワシントンからこの政策についての指示を受けている」と答えてこの要請を拒否したという。

当時イラクで駐イラク米軍司令官の地位に就いたばかりのリカルド・サンチェス中将も、「この非バース党化命令のインパクトは破滅的だった」と述べ、「現実問題、この命令によりイラクという国の政府全体、すべての行政能力が取り除かれてしまった。司法、防衛、内務、通信、学校、大学や病院はすべて完全に機能が停止するか、もしくは深刻な機能停止状態に陥った。なぜなら、何らかの経験を持つものは全て解雇されてしまったからである」と証言している。

非バース党化政策

この悪名高き「非バース党化政策」は、ワシントンのダグラス・ファイス国防次官のオフィスで起草された。しかし、「サダム・フセイン政権の権力構造を解体するために、バース党の支配構図を根本的に破壊する」というオリジナルのコンセプトは、アフマド・チャラビが考案し、ファイスたちネオコンに売り込んだものであった。

チャラビはイラクの戦後について語るとき、ドイツの戦後と比較する手法を好んで使い、「ドイツの戦後のようにイラクの戦後もスムーズにいく」という考え方をアメリカ国民に浸透させることを狙っていた。そしてドイツの戦後に行われた「非ナチ化政策（De-Nazification）」になぞらえて「非バース党化政策（De-Baathification）」が必要であると主張していた。これはアメリカ人の反ナチス感情に訴えることで、チャラビの政敵にあたる「バース党」をナチスになぞらえ、サダム・フセインをアドルフ・ヒトラーになぞらえるように、アメリカ国民をマインド・コントロールすることを狙った見事な言葉のチョイスであった。

「非バース党化政策」という言葉が最初に現れたのは二〇〇二年の夏のことであり、この言葉を初めて伝えたのはロンドンの『タイムズ』紙だった。もちろんこの言葉を最初に口にしたのはチャラビである。同紙のインタビューでチャラビは「われわれが必要としているのは、非ナチ化政策のような非バース党化政策である」と述べた。

また米軍によるイラク侵攻のわずか一ヵ月前の二〇〇三年二月十九日付『ウォールストリート・ジャーナル』紙に、チャラビの寄稿記事が掲載された。この中でチャラビは、アメリカ政府が進めているバース党員の扱いに関する計画は甚だ不十分だとして次のように述べている。「イラクは包括的な非バース党化政策を必要としている。これは第二次大戦後のドイツでなされた非ナチ化政策の努力以上に広範なプログラムでなくてはならない」と。

チャラビは、「イラクの民主化」のために非バース党化政策が不可欠だ、というロジックを使っていたが、純粋にイラクの民主化のためというよりも、実際にはむしろ自身が権力を握るための環境を整備するという意味合いの方が強かった。米議会調査局（CRS）の若き中東分析官ジェレミー・シャープは、私の取材に対して次のように解説した。

「フセイン後イラクの権力闘争の中で、チャラビがもっとも危険視していたのは、ライバルのイラク人亡命者組織・イラク国民合意（INA）を率いたイヤド・アラウィだった。アラウィは元バース党のメンバーで、旧バース党員やイラク軍の中の反フセイン分子を組織の基盤としていた。このライバルであるアラウィの基盤を弱体化させるためには、旧バース党員を徹底的に公職から排除し、旧軍を解体する必要があったのだ」

つまり、ポスト・フセインの権力闘争でチャラビが権力奪取するために、非バース党化政策は絶対条件だったというのだ。

「しかも悪いことにこのアラウィを支援したのは、チャラビが毛嫌いしていたCIAだ」とシャープは続ける。第三章で見たように、かつてCIAがチャラビに対する資金援助をストップしたあとに、チャラビに代わって支援し始めたのがこのアラウィだった。「当然アラウィは自身の権力基盤を守るために、非バース党化政策は限定された範囲でのみ適用させるべきと主張していた」とシャープは付け加えた。

このチャラビ、アラウィの対立の裏には、ワシントンのいつもの対立構図が横たわり、国防総省や副大統領室のネオコンたちは非バース党化政策に賛成し、CIAと国務省と軍の制服組は原則的に反対で、もし実施するとしても限定的に適用すべし、と主張していた。

二〇〇三年五月二十五日。ブレマーはこの非バース党化命令を履行させるために「イラク非バース党化委員会」を設置すると発表し、「イラク・バース党のすべての所有物や資産の範囲、性質、所在などを調査し、同時に人権侵害やイラク国民の搾取に加担したイラク・バース党の幹部や党員の正体を突き止め、その居場所を探す」任務を正式に与えた。この委員会はまた、ブレマー文民行政官に対してバース党員の正体を明かす手法、バース党の組織を排除しその資産を返還させるための助言を行うことにもなった。

そしてポール・ブレマーは何とこの「イラク非バース党化委員会」の委員長にチャラビを任命したのである。チャラビはこれにより「誰がバース党員であり、誰を政府から排除するか」を決定するという絶大なる権力をものにしたのである。

ちなみにハンガリーに「自由イラクの戦士」たちを送るアメリカ政府の計画を台無しにしたチャラビは、数百名の手下と共に北部イラクからナシリヤ郊外の砂漠に米軍機で乗り込み、悠々とバグダッド入りを果たしていた。ダグラス・ファイス周辺が国務省や軍の上層部、それにホワイトハウスにまで内緒でこのチャラビ軍団のバグダッド入りをアレンジしたことは、今となっては有名な話である。

米ジャーナリストのジョージ・パッカーは、名著『イラク戦争のアメリカ』で、「彼（チャラビ）と支持者はバグダッドに到着すると、高級なマンスール地区にある上流階級向けの『ハンティングクラブ』に入り、資産を接収しはじめた。ウダイ・フセインが所有していたフェラーリが、チャラビのハンサムな若い側近ナビル・アル・ムサウィが住み着いた家の外に駐車されていた」と、イラク入りしたチャラビたちの行動について記している。

また国務省上級顧問のデヴィッド・フィリップスも回顧録で次のように証言している。

「チャラビの自由イラク部隊（FIF）は、解放者というよりもむしろバース党の殺し屋のように振る舞った。ナシリヤに上陸後、FIFはバグダッドに向かう道すがら、強盗、略奪を行い、イラク人の反感を買いまくった。（中略）チャラビは彼の民兵に対し、イラク情報省に押し入り二十五万トンに及ぶ書類を差し押さえるよう命じ、ブレマーがチャラビを非バース党化政策の運営者に任命すると、チャラビは自身の政治的な行動予定を前進させる目的で、そのイラク情報省の書類にあった党員情報や支払記録などの情報を利用した」

バグダッド陥落後の混乱に乗じた驚くべき手際の良い行動である。チャラビは常にブッシュ政権より一歩先を歩いていたようだ。ウォルフォウィッツやファイス等ネオコン勢に「採るべき政策」を吹き込む一方で、そうした政策が実施されたときに自身に有利になるように、常に先手を打って動いていく。状況に応じて柔軟に対応できるようオプションを二つ、三つ用意して状況に応じてすぐに計画を切り替えて迅速に行動に移している。

ＯＲＨＡの一員だった元国務省のティム・カーニーも、戦後初期の時期にいかにチャラビの影響力が大きかったかを回顧している。

「チャラビはＣＰＡのあらゆるレベルのスタッフたちと緊密な関係を築き、組織内に広く浸透していた。ブレマーはポスト・サダムのイラク政府で、どのポストでどのイラク人を使うべきかのリストをつくっていたが、チャラビと彼の組織のメンバー全員の名前がそのリストに含まれていた。チャラビは彼の親族やＩＮＣの一団を、石油相、財務相、貿易相、中央銀行総裁などの政府の要職に就けるようにブレマーを説得していた」

そしてこのチャラビの思想と行動を、ＣＰＡにいたネオコンは全面的に支援しようとしていたようだ。当時ＣＰＡに派遣されていたネオコンの一人に話を聞いた。

ネオコンの「言い分」

ネオコンの牙城「アメリカン・エンタープライズ公共政策研究所（ＡＥＩ）」のマイケル・ルービン研究員は、二〇〇三年から二〇〇四年まで連合国暫定当局（ＣＰＡ）の政治顧問をつとめた。ルービンはイラン、イラクやクルド問題の専門家で、数多くの政策シンクタンクや大学に所属した経験を持つが、ネオコンの重鎮であるリチャード・パールの弟子の一人で、二〇〇二年にはラムズフェルド国防長官室のイラン、イラク問題に関する顧問に任命され、その後ダグラス・ファイス国防次官の下に設置された特別計画室（ＯＳＰ）のメンバーに加わり、さらに二〇〇三年からはバグダッドのＣＰＡに派遣され、ブッシュ政権のイラク占領政策に現場で直接たずさわったネオコンの一人である。

「われわれ（ペンタゴン）はそもそもＣＰＡの存在が必要だとは思っていなかった。ラムズフェルド国防長官はイラク戦争前から亡命政府をつくり、フセイン政権崩壊後にはすぐに亡命イラク人を中心とするグループに権力を移譲する予定でいたからだ」

ルービンはこのように述べ、アメリカがイラクを長期間占領するということ自体が想定外であり、そのような選択肢をとったこと自体が誤りだったと指摘し、暗に国務省やＣＩＡを批判した。そして非バース党化政策をめぐってペンタゴンのネオコンと国務省やＣＩＡが激しく衝突した事実を認め、その結果「非バース党化政策を最後まで実施しなかったことが、アメリカの犯したもっとも大きな誤りだった」と述べた。私がルービンにインタビューをしたのは二〇〇四年の十一月であり、その頃まではＣＰＡ内で何度も政策の揺り戻しがあり、この非バース党化政策にも修正が加えられ、最終的には廃止されることになったからである。

「国務省が何よりも懸念していたのは、イラクの近隣諸国であるシリアやサウジ、クウェートなどがどのように感じるのか。イラクの問題が近隣諸国に影響を与えないようにするにはどうしたらいいか、ということばかりだった」

この点がネオコンと国務省のアプローチで決定的に違う点だったとルービンは述べた。この国務省アプローチに対してネオコンは、イラク国内の従来の秩序を壊してシーア派政権を誕生させることによって、中東地域全体のスンニ・シーア派のバランスを壊し、中東全体を再編することを考えていたからである。

「安定・現状維持」を優先させたい国務省やCIAと、「現状変革・不安定化」を望むペンタゴンのネオコンが、あらゆる政策をめぐって衝突したのは当然と言えたが、その中でも戦後イラクの秩序に決定的な影響を与えた「非バース党化政策」は、この両者の考え方の違いがまともに正面から衝突した政策だった。

「CIAや国務省は旧バース党の高官たちとばかり接触していたが、われわれはこれまで虐げられてきたイラク国民と手を結ばなければ民主化などありえないと思っていた。だから旧バース党員を排除する非バース党化政策は絶対に必要だった。これを最後まで実施しなかったのが一番の失敗だった」とルービンは力説し、この政策の重要性を二〇〇四年十一月の時点でさえ強調して止まなかった。

国務省やCIAだけでなく、今となっては多くの識者たちの間でさえ、非バース党化政策が「ブッシュ政権の下したもっとも壊滅的な政策の一つ」だったとして定着している感があったのだが、ルービンが「この政策を貫徹しなかったことこそが一番の間違いだった」と熱心に述べたことには、正直驚かされた。ブッシュ政権内の議論がまったく嚙み合わず、《国務省・CIA》連合とネオコンの考えが水と油ほども違うことを肌で感じた瞬間であった。

この非バース党化政策に続いて「壊滅的な政策」第二弾が発表された。イラク軍の再建にかかわる政策である。

ブレマーのCPAは二〇〇三年五月二十三日に、CPA法令第二号「組織の解体」命令を発表した。これにより国防省、情報省、軍事問題担当国務省、イラク情報局、国家安全保障局、国家安全保障本部、特別安全保障機構の七つの治安関係省庁が廃止されることが決定した。国家の屋台骨である治安機構が丸々廃止になり、イラクの陸軍、空軍、海軍、共和国防衛隊、特別共和国防衛隊や軍事情報本部を含め、総勢五十万人の治安関係者が即日解雇されたのである。これで国が不安定化しないはずはない。とりわけ問題だったのが、約三十万人のイラク軍人が武装解除もされないまま即日解雇されたことである。

ブレマーは、旧軍に代わり「プロフェッショナルで、政治的に中立で軍事能力が高く、すべてのイラク人を代表する新イラク軍」という名のまったく新しい軍隊を創設することも発表した。

この政策の草案はラムズフェルド国防長官のオフィスで慎重に吟味され正式な承認を得ていた。五月十九日にラムズフェルドはブレマーに対し、新イラク軍を設立するための詳細な計画手順を自ら書いて送ったという。新イラク軍の最初の部隊が六ヵ月後には運用可能になり、将来的には三個師団をつくるという計画だった。

この新しい命令では、バース党主義の痕跡を残らず取り除くため、大佐以上のすべての階級の旧軍人は、徹底的なバックグラウンド調査なしには一切軍に入ることは許されないとされた。このイラク軍解体命令は、その前に発令した非バース党化政策ともリンクしており、軍で上層部にいたものは自動的にバース党でも上位階級の地位にいたので、彼らは軍に復帰することが不可能となり、事実上すべての上級将校を新しいイラク軍から排除するように設計されていた。

このイラク軍解体命令は、三十万人の旧軍の軍人たちを排除して見放すだけでなく、当時米中央軍が考えていた戦後安定化の計画をも根底から台無しにする決定だった。実はこのブレマーの決定は、イラクを管轄する米中央軍がＣＩＡと共に進めていた旧イラク軍再結成の計画を根底から覆し、イラクの現場を預かる米軍制服組の治安維持計画を木っ端微塵に粉砕する破壊力を持った政策だった。

軍の制服組とＣＩＡが密かに進めていた旧軍再結成計画の存在は、日本では一部の専門家を除いてはほとんど知られていない。しかしアメリカでは『ニューヨーク・タイムズ』の軍事担当記者マイケル・ゴードンがバーナード・Ｅ・トレイノー大将と共に著した『コブラⅡ』でこの計画の存在を明らかにして話題を呼んだ。以下、この大著を参考に旧軍再結成計画を再現してみよう。

旧イラク軍再結成計画

米中央軍は戦前、米軍によるイラク侵攻が開始されれば、大規模なイラク軍の投降があることを期待していた。ＣＩＡのインテリジェンスによれば、そのような大規模な降伏があることが予測されていたからだ。もしそうなれば、投降したイラク軍部隊が、新しいイラク軍の核として米軍を補完し、イラクの治安確保に役立てることができるはずだった。

ところが実際に戦闘がはじまると、部隊丸ごとの降伏というのは、イラク西部のアンバル県でしか起きなかった。同県ではイラク軍の大将がポッツ大佐率いる米軍部隊に正式に投降した。ジョン・アビゼイド米中央軍司令官、駐留イラク米軍司令官のデヴィッド・マキアーナン中将やORHA代表のジェイ・ガーナーは、そのような軍人の職務離脱を呼びかけ、彼らを新しいイラク軍として再結成する計画を実行に移し始めていた。

アビゼイド大将とマキアーナン中将は、使える「兵隊」を探し求めていたし、米軍がイラクを「占領する」というイメージがつくのを避けようと必死になっていた。そして当初から、イラクの軍隊と同盟国の軍隊に頼り、彼らに米軍の兵力不足を補ってもらうことを計算に入れていた。

そして特にイラク軍の活用は、国内の治安維持と米軍の出口戦略の要と考えられていた。最初の米軍部隊がバグダッド入りしてからまだわずかしか経っていない四月十七日、アビゼイド大将は衛星を通じたビデオ会議で、旧イラク軍を使って三個師団の暫定イラク軍を結成する考えをホワイトハウスに報告している。同大将は三ヵ月以内に三個師団をイラク全土に配置し、治安維持にあたらせることを目標にしていたのである。

マキアーナン中将はこの線に沿って、バグダッドに到着するとすぐに軍の幕僚スタッフとなるべく人材のリクルートを開始した。そして五月九日に、他の米軍上級将校と共に、CIAが連れてきた元イラク軍将校ファリス・ナイマと、アブ・グレイブの宮殿で会談している。この会談の模様をマイケル・ゴードンは次のように記している。

「ナイマはプロの軍人らしい身のこなしと完璧な英語でマキアーナンたちを感心させた。ナイマはイラク軍の幹部将校たちの教育を担当するアル・バクル軍事大学校の司令官をつとめていた。

彼はフセイン政権でフィリピン大使とオーストリア大使の要職に就いたこともあった。サダム政権で要職に就くことは神経をすり減らす命がけの仕事だとナイマは説明し、ひとたびサダムに呼び出されると、それが昇進の話なのか処刑を言い渡されるのかまったく予測がつかないのだと述べた。サダムの息子のクサイとその妻がウィーンを訪問した後に、ナイマはバグダッドへの帰国命令を受け、身の危険を感じてフセイン政権との関係を絶って亡命した。

よれよれのスーツを着込んだナイマは、ジャケットの中から腕に抱え込んだ書類を取り出して、どのようにして彼の計画を進めるかを、マキアーナンたちに詳細に説明した。ナイマはマキアーナンたちに対し、イラクの北部、中部、南部に配置できるように三個師団を早急に編制する必要があり、陸軍の歩兵中隊を各大都市に配置させて警察を支援させる案を説明した。ナイマはバース党の確信犯ではない軍の指導者はたくさんいると述べ、旧軍の上級レベルの指導者からトップダウンで新しいイラク国防省を結成するのが最も手っ取り早いと提案した。もちろんバース党を非難し、バース党との決別に応じる将校に限るという条件を設定する」

アビゼイド大将は離反した旧軍の軍人たちを呼び集めて新たな組織をつくろうと考えていたため、ナイマが提案したトップダウンで軍を再結成する案よりも軍の再構築までに長い時間がかかると考えていた。

「どこでその将校たちを探したらいいのか」とマキアーナンたちが質問をすると、「私がお連れしましょう」とナイマは引き受けたという。ナイマはさらに、軍人、警察それに各省庁の役人たちに対する給与を払い続けることの重要性を説明した。「イラクは公務員の国家です。彼らが生きていくためには国からの給与の支給が不可欠です」。そして米軍が撤退の計画を公表することで、「占領軍」と見られないようにすることも必要だと付け加えた。

マキアーナン中将はナイマの提案にいたく感銘を受けた。トップダウンによるイニシアティブと、ボトムアップによるイラク軍人たちの招集により、予定していたより早く旧軍を新しい軍隊に再編することが可能になるかもしれない、とマキアーナンは考えた。こうしてマキアーナン中将はナイマとの会談の後、イラク軍再結成に向けてＣＩＡと共に精力的に根回しを開始したのである。

一方、ガーナーのアドバイザーをつとめたポール・ヒューズ大佐も、バグダッドで別のイラク軍元将校たちからのアプローチを受けていた。米陸軍上級幹部の了承の下、ヒューズ大佐は、共和国防衛隊の将校クラブで元将校たちのグループと面談した。「独立軍事集会」と自称するイラク軍元将校たちのグループはアメリカに対する協力を申し出た。

このグループのメンバーたちの多くは、軍隊という組織の枠外で米軍へ協力する道がより望ましいとの希望を述べたが、低位の下士官を含めてリクルートできる元軍人たちの名前を提供した。彼らはイラク国防省が米軍によって爆撃されることを予期して、軍の名簿などのデータが入ったコンピューターを省外に持ち出し、その後、憲兵隊員を含む五万から七万名のリストを提供してきた。

ひねり潰された計画

しかしせっかく現場の制服組がＣＩＡと共に進めていた旧軍再結成計画を、国防総省の文民指導部が潰す動きに出た。マイケル・ゴードンはこう書いている。

「ファイスは、イラク軍はすでに職務離脱をして雲散霧消しているのだから、彼らを呼び戻す利点は、サダムへ忠誠を誓っていた将校たちをカムバックさせてしまう潜在的な危険と比較すると高くはないと主張した。ファイスに影響力を持っていたチャラビは、数ヵ月にわたり旧イラク軍を解体するようにと主張し続けていた」

ファイスがマキアーナン中将たちの計画に反対し、その背後にまたしてもチャラビの策謀があったことにゴードンはさらりと触れている。

ブレマーの安全保障問題の顧問をつとめたウォルター・スローコムがイラクに到着すると、マキアーナン中将は、ナイマや他の旧イラク軍将校との打ち合わせに彼も招待し、イラク軍再結成計画への賛同を得ようと試みた。しかしスローコムは、「これら旧軍の幹部たちを新しいイラク軍の核とは見なしていない」と明言し、「イラク軍を再建するのに旧軍の幹部将校たちを使うことは、単純に新たなスンニ派中心の軍隊をつくることになる」と説明し、マキアーナンたちの計画は採用しないことを伝えたのだった。

新イラク軍をゼロからつくるというＣＰＡの計画では、どう早く見積もっても最初の歩兵師団約一万二千人を育成するのに九一年は必要だった。そして三個師団の軍隊を訓練して装備するにはさらに最低でも二年はかかる見通しだった。ブレマーがこの決定を発表したとき、ブレマーも彼のスタッフも国防総省の文民指導部も、この新イラク軍を創設するためのリソースをどこから持ってくるのか、という根本的な問いに対する回答を持っているものは誰もいなかった。「プロフェッショナルで、政治的に中立で軍事能力が高く、すべてのイラク人を代表する新イラク軍」などと構想だけは立派だが、誰一人として具体的にどのようにその「理想の軍隊」をつくるかについて詳細な計画を立てているものはいなかった。

米中央軍とマキアーナンから駐イラク米軍司令官を引き継いだサンチェス司令官は、スローコムの立てた新イラク軍の訓練計画を詳細に分析した。すると、これではあまりにも遅すぎることや、この計画には軍の上級幹部を訓練するプログラムがまったく抜け落ちており、大隊レベルより上の組織をどのように編制していくのかについてもまったく計画がないことがわかった。つまり、この計画では実効性のある軍隊など育成することは不可能であることが明らかになったのである。

イラク北部の都市モスルでは第101空挺師団を率いるデヴィッド・ペトレイアス少将が都市の治安維持と復興を統括していたが、非常に平穏だったこのモスルでさえ、解雇された軍人たちが市役所前で数日間にわたるデモンストレーションを繰り広げ、すぐにエスカレートしていった。イラクの警察が群集に向けて発砲し、デモ隊の一人が死亡、数人が負傷するとデモが即座に暴動に発展したのである。それから二日間で、十八名のペトレイアス少将の部下が負傷し、二台の高機動多目的装輪車（ハンビー）が焼かれる被害が出た。

またバグダッドや他の主要都市でも暴動が発生し、アメリカ人やイラク人の命が奪われた。驚いたブレマーは十日後には政策を修正し、解雇した軍人たちに給与や年金を支払うと発表したが、ＣＰＡや米軍に対する不信感が消えることはなかった。ペトレイアス少将は後に、「イラク軍の解体命令は反連合国軍感情を燃え上がらせ、緒についたばかりの反乱の火に油を注ぎ、占領者に反対する愛国的衝動に点火し、何万という新たな敵を作り上げてしまった」と述べている。

このイラク軍解体命令が、その後の治安の急激な悪化と、連合国軍に対する組織的な武装反乱の主な原因だったということは、今ではすっかり定説となっている。しかしこの究極の愚策が一体どこから来たのか、についてはいまだに明らかになっていない。

分かっていることは、ラムズフェルド国防長官とその周辺以外は、この決定を事前に知らされていなかったらしいということである。ホワイトハウスの国家安全保障会議（ＮＳＣ）はこの決定にはまったくタッチしておらず、ＮＳＣのイラク調整官フランク・ミラーにとってもまったく寝耳に水だった。この命令が発表される前に、ライス国家安全保障担当補佐官やパウエル国務長官が、その内容に関する詳細なブリーフィングを受けたという記録はない。

実際パウエル長官は、五月二十二日のＮＳＣ長官級会議の場で、ビデオ会議を通じてブレマーが「この命令を明日発表する予定だ」と報告しているのを聞いて初めてこの事実を知らされたという。統合参謀本部副議長だったピーター・ペースもこの時点ではまったく初耳で、統合参謀本部自体もこの政策決定から外されていた。

ブレマー自身は「この命令はラムズフェルド長官室で原案が作られ、その後軍の幹部に回覧された」と述べている。ファイス国防次官は、この命令を公に発表する前に、各省庁の代表者たちとの間で議論をすべきだったという文脈で誤りを認めているが、命令の内容そのものは「正しい決断だった」と述べている。「イラク軍は圧制のための道具だったため、イラク人からは尊敬されていなかったからだ」とファイスは記している。またブレマーの安全保障問題顧問ウォルター・スローコムは、「この命令は単に現場で起こっていた事実を反映させたものであり、イラク侵攻を受けてイラク軍はすでに自ら解体していたのだ」というロジックを崩していない。

状況証拠から判断すれば、この政策はラムズフェルド国防長官周辺のペンタゴン文民指導部が基本的なアウトラインを作成し、ブレマーとスローコムを通じて発表させたという線が濃厚だ。CIAと軍の制服組と国務省はこの政策には反対であり、実際にCIAとイラク駐留米軍は、旧イラク軍の再結成に向けて調整を進めていた。

「誰がどのようにこの政策を決定したのかはまったくのミステリーだ」と証言するのは、パウエル国務長官の首席補佐官をつとめたウィルカーソンである。「なぜならわれわれはこの決定が発表される直前まで、旧軍をどうやって使うかを検討していたからだ」という。

二〇〇八年五月十七日に、アーミテージ元国務副長官に二度目のインタビューをした際、この政策の決定過程について聞いてみた。少し長くなるが、彼の説明に耳を傾けてみよう。

「私は〝旧イラク軍をどうするか〟に関してブッシュ大統領も交えて検討した会議に出席していたのでよく覚えている。ブッシュ大統領は、われわれ副長官級会議で決まったことについてブリーフィングを受け、その内容を承認していた。その内容とは、イラク軍のトップのみ首を切り、大隊、中隊レベルはそのまま残すということだった。要するに首から上だけを切り、残りの身体は残しておくという計画だった。

われわれはイラク戦争前に上空からリーフレットをばらまき、イラク軍兵士たちに投降を呼びかけていた。『われわれが攻めていったら戦わずに帰宅せよ。後からわれわれの方から連絡を入れる』と呼びかけていたのだ。

ブッシュ大統領はこのわれわれの案を承認し、大隊以下を手付かずのまま残し、彼らを様々な施設の警備などに活用するという計画を実施することになっていた。われわれはこの方法を以前にパナマで行ったことがある。そのやり方をイラクでも実践しようと考えていたのだ。だからこのブレマーの決定は非常に不可解である」

アーミテージはこのように述べた。そして「このブレマーの決定が誰の助言によるものなのかは明確にはなっていない。ウォルター・スローコムだという者もいるが、ブレマー自身はペンタゴンの上層部と話し合ったと後に述べている。私は個人的に何人かのペンタゴン内のネオコンがこの助言をしたのだと思う」と述べて、ウォルフォウィッツやファイス等のネオコンに疑いの目を向けていた。

また、名前を明かすことはできないが、チャラビを米政府が支援し出した初期の頃からこのイラク人亡命者をよく知るある米政府高官は、「イラク軍を解体してまったく新しい軍隊をつくるというのは、チャラビが長年主張してきたアイデアだ」と断言した。

「非バース党化政策とイラク軍解体はチャラビの中ではセットのコンセプトだった。要するにフセイン時代の体制や既存の組織や仕組みを根本的に変えて、スンニ派支配体制を一度ぶっ壊さないとチャラビたちは権力を握れないだろう？　彼らにとってバース党の支配構造とそれを支えた治安機関の解体は不可分の要素だったのだ」

　イラク軍解体命令という、アメリカをイラクの泥沼に引き込む直接的な引き金となったこの政策が、誰のどのような思惑で下されたのかに関する決定的な証拠は、将来歴史家の手で発掘されることになろう。しかしこれまで見てきた状況証拠や政権高官たちの証言から、最有力の「容疑者」は、チャラビの助言を受けたダグラス・ファイスとこれを後押ししたウォルフォウィッツやラムズフェルドなどのペンタゴン上層部だと言えるだろう。

「反乱」という言葉はタブー

　イラクの戦後統治の失敗の原因を探っていくと、ＣＰＡが発足初期に発令した二つの「壊滅的な政策」が、文字通り壊滅的な結果を引き起こしていたことが分かるであろう。イラクの現場の指揮官たちが報告していたように、非バース党化とイラク軍解体という二つの命令が、組織化された武装反乱の基盤を整備し、イラクの治安を急速に悪化させていったのである。

　そしてこの治安悪化の真の原因を、ペンタゴン上層部が認識し、初期の誤りを認めようとしなかったことが、傷口をさらに広げ、「出血」はますます酷くなっていった。一例を挙げると、ラムズフェルドはイラクで起き始めていた米軍に対する暴力行為を、「ゲリラ活動」や「反乱（insurgency）」であることを頑として認めようとしなかった。ラムズフェルドは実際、国防総省内では、イラクで起きている暴力行為を説明する際に「反乱」という言葉を使うことを禁じたという。これは「たかだか言葉の問題ではないか」などと無視できないほど重要な意味を持っていた。「反乱」という言葉を認めることは、「組織的な武力抵抗を支持する広範な支持層がイラク社会に存在する」ことを認めることであり、「米軍はイラク国民に解放者として歓迎される」としてきたそれまでの説明の誤りを認めることに他ならないからである。

ラムズフェルドはイラクで起きている暴力行為は、「サダムの手下の残党が散発的に行っている活動に過ぎない」という説明に固執し、反米感情に支えられた広範な社会の支持を得た「反乱」であることを決して認めたくなかったのである。

おまけに、というかこちらの方がより大事なのだが、「反乱」であることを認めれば、それを鎮圧するために、どうしても追加の兵力が必要になってくる。そうなればラムズフェルドが愛して止まなかった「スモール・イズ・ビューティフル」の原則が崩れ、「アグリー（醜い）」「ラージフォース（大規模部隊）」の投入が不可欠になってしまう。

二〇〇三年七月十六日、アビゼイド中央軍司令官は、とうとう堪忍袋の緒が切れたらしく、「イラクにいる米軍は古典的なゲリラ・タイプの攻撃にさらされている」と記者会見で発言し、米軍幹部として初めて、公の場で〝米軍がイラクで直面しているのは「反乱」である〟ことを認め、ラムズフェルドの顔に泥を塗った。

この反乱、ゲリラ戦争で米軍がもっとも手を焼いたのは、ＩＥＤ（手製爆破装置）と呼ばれる手製の仕掛け爆弾を使った攻撃だった。ＩＥＤとは、砲弾やさまざまな弾薬の爆発物を使い、遠隔操作で爆破させるように仕組まれた仕掛け爆弾のことだが、爆薬さえあれば簡単に作れ、敵に姿を見せずに敵にだけダメージを与えることができるため、ゲリラ戦においてはもっとも理想的な武器である。

主要戦闘の終結後のイラクで、武装反乱勢力は、動物の死骸などにＩＥＤを仕込んでおいて道路脇に置き、米軍の車列がその脇を通過したときに遠隔操作で爆破させ、多大な被害を米軍に与えた。また自動車に大量の爆薬を使ったＩＥＤを搭載して米軍の車列に突っ込んで起爆させる自動車による自爆テロも、米軍等に甚大な被害を与えた。米軍はこうした攻撃に対する備えをほとんど事前には行っておらず、イラク戦争で命を失った米兵の実に半数以上がこうしたさまざまなタイプのＩＥＤ攻撃の犠牲になったのである。

こうしてアメリカは、まさに目に見えない敵との、先の見えない戦いに引きずり込まれていった。そして治安の急激な悪化に伴って国民生活も目に見えて悪化の一途をたどった。戦争による破壊とそれに引き続く強盗や略奪で電気、ガスや水道など国民生活に不可欠なサービスの供給に支障が出ていたところに、さらに非バース党化政策によりそうした基本インフラの復旧、復興作業に不可欠な政府の職員や技術者たちが大量解雇され、生活に不可欠なサービスが止まった。国民生活が困窮すればするほどＣＰＡや米軍に対する不満は高まり、武装反乱勢力に対する支持が強まり、治安が悪化していく。そして治安が悪化すれば復興作業は進展せず国民生活はさらに困窮するという絵に描いたような負の連鎖が続き、アメリカは底なしの泥沼に陥って行ったのである。

そしてイラク戦争の失敗が誰の目にも明らかになってくると、ワシントンの政策コミュニティでは、今度は失敗の責任をなすり付け合う中傷合戦、足の引っ張り合い、そして潰し合いのネガティブ・キャンペーンがさらに激化していく。

第7章

ワシントンで発生した「内戦」

包囲されたチャラビ

それは米軍によるイラク侵攻から約一年が経過した二〇〇四年五月二十日のことだった。イラク警察の重大犯罪対策部（ＭＣＵ）の武装した捜査官たちが、アフマド・チャラビ率いるＩＮＣのオフィスを急襲し、六名のＩＮＣ職員を逮捕し、強制的な家宅捜索の末、コンピューターや書類の数々を押収したのである。

わずか数ヵ月前には、ブッシュ大統領の一般教書演説に招待され、ローラ・ブッシュ夫人のすぐ後ろに座る栄誉に浴したチャラビが、いまや一転して犯罪グループの首謀者として扱われるようになったのである。

「イラク警察」とは言っても、まだイラクはアメリカによる占領体制下にあったので、ＭＣＵも捜査官の選抜から教育訓練までその組織の運営はアメリカの指導の下でなされていた。ＭＣＵの現場の捜査は、米連邦捜査局（ＦＢＩ）から派遣された特別捜査官たちがフルタイムでサポートしていた。

この日の急襲には、さらに米軍のサポートがついていた。チャラビのオフィスはＡＫ47で武装した民兵たちに厳重に守られている可能性が高かったからである。

チャラビのＩＮＣは、相変わらずイラク解放法の下で米国防総省から流れてくる資金を使って「情報収集活動」に従事していたが、彼らの活動はイラク人の目には単なる強盗や誘拐行為にしいたという。

か見えなかった。実際MCUはチャラビのグループを自動車強盗や誘拐、恐喝の容疑で捜査して

ワシントンのチャラビの支援者たちは、この強制家宅捜索のことを事前にまったく知らされていなかった。米国防総省のラムズフェルド国防長官、ウォルフォウィッツ国防副長官、そしてダグラス・ファイス国防次官は、この事件をメディアの報道を通じて知ったという。

「この急襲を許可した奴はいったい誰だ?」

「イラクにいる米軍はいったい何をやっているんだ?」

ラムズフェルドの周辺にいた国防総省高官たちはこのように口々に怒鳴り声をあげたと『ニューズウィーク』誌は伝えていた。これは組織図上、ラムズフェルド国防長官の指揮下に置かれている駐留イラク米軍やCPAのブレマー文民行政官が、正式な指揮系統を無視して行動していることを意味していた。

しかし本当に駐留米軍とCPAの判断だけで行われたのだろうか?

「政策決定から外されていたのはペンタゴン上層部だけで、ホワイトハウスはこの強制捜査の許可を出していた」と主張するのは、保守派のジャーナリストでオンライン・メディア「ニューズマックス・ドット・コム(Newsmax.com)」の編集委員もつとめるケネス・ティマーマンだ。ティマーマンはネオコン派と近く、親チャラビの立場からこの問題をカバーしている。

ティマーマンの近著『陰の戦士たち』によれば、家宅捜索が決行される十日以上前の五月八日に、ホワイトハウスでブッシュ大統領を交えた会議が開催され、そこで「チャラビ外し」の計画

が話し合われたという。ブッシュ大統領は二〇〇三年八月に、ライス大統領補佐官のかつての上司であったロバート・ブラックウィル駐インド大使を大統領副補佐官（戦略計画担当）に任命し、国家安全保障会議（NSC）の対イラク政策を任せていた。

ブラックウィルはそれまでの単独行動主義を修正して国連を引き込み、国連のラクダール・ブラヒミをイラク暫定政府任命の過程に取り込み、イラク人への主権移譲を進めていこうと考えていた。また非バース党化政策を撤回し、スンニ派を新しいイラク政治の流れに取り込み、同時に旧フセイン時代の軍人や情報機関員たちを再雇用し、イラク全体の「国民和解」を進める戦略転換をはかろうとも考えていた。つまり、ブラックウィルは、チャラビやネオコンの影響の下でブレマーが発令してしまった「壊滅的な政策」の撤回と、そこからの大転換を考えたわけである。そしてその大きな政策転換の手始めが、チャラビだった。

「チャラビは自分の利益だけを追求している。バグダッドからの信頼できる情報によれば、チャラビの手下たちがイラクの複数の省庁から不正に資金を吸い上げており、大規模な偽造紙幣の作製にもかかわっている。（中略）またチャラビの情報官がクルド地域でイランの革命防衛隊の連中と会っている。誰かこれに関して正当な理由を説明できるものがいるか？」

ブラックウィルは二〇〇四年五月八日の会議でこう述べて、チャラビ排除の必要性を訴えたという。ブラックウィルにチャラビ情報を与えたのはCIAだったとティマーマンは書いている。

ティマーマンによれば、CIAの防諜部（CEG）が、チャラビのインテリジェンス部長アラス・ハビブとイランの革命防衛隊の上級メンバーたちとの会合の記録を集めていたという。CI

Aはチャラビのグループ全体がイランの影響下におかれているか、もしくはチャラビ自身もイラン政府のエージェントではないかと疑っていた。

五月八日のホワイトハウスでの会議を前にして、CIAのチャラビ情報が周到に『ニューズウィーク』誌にリークされた。同誌のコラムニスト、マーク・ホーゼンボールが、「チャラビはアメリカの治安作戦に関する詳細情報をイランに提供した」と、「ある米政府筋」による情報として報じたのである。またINC事務所に強制家宅捜索が行われた当日には、「ある米政府高官」がCBS放送の人気番組「60ミニッツ」に情報を提供し、「チャラビがイランに渡していたのは、高度に機密性の高い情報であり、人の生命にかかわるような性質の重要なものだ」と伝えた。

国連を糾弾した男

「バース党主義者が戻ってきてアメリカの監督の下でわれわれに攻撃を加えた。私はイラクにおけるアメリカの一番の友人だぞ」

攻撃を受けたチャラビは記者会見でこのように述べ、この攻撃を指示した「黒幕はイラク警察ではなくCIAとブレマーだ」と付け加えた。そしてこの攻撃の理由について、チャラビたちが「国連を糾弾するキャンペーンを行っていたことだ」と説明した。

ブレマーは着任当初は、おそらく事情が分からずにネオコンやチャラビの助言を受け入れていたのだが、次第に国務省・CIA路線へ乗り換え、国連の協力を得ることを考えるようになった。そして次第にチャラビを煙たがるようになり、ブラックウィルたちの「チャラビ外し」に協力したのであろう。

ブレマー自身は、イラクでの文民行政官としての日々を綴った回顧録に、次のように説明している。

「INCが財務省の資産を不法に入手して自分たちの利益にしようと企んでいたことが発覚した。（中略）またその捜査では、INCが政敵に攻撃を加えたり誘拐したりした証拠も見つかった」

そこでイラクの裁判所の要請を受けてINCに対する捜査を許可し、さらにイラク警察の要請に応えて、あくまで警察のバックアップとして米軍に出動を依頼したと述べている。ブレマーはこのINCに対する捜査はあくまでイラクが主導で、CPAや米軍はそのサポートをしただけだという点を強調している。

チャラビが主張するように、当時チャラビが国連との対決姿勢を強めていたのは確かだ。フセイン時代に国連制裁下にあったイラクに対して、国連は人道支援のため石油食糧交換プログラムを実施してきた。が、チャラビのグループは、このプログラムを通じた当時のフセイン政権と国連職員の腐敗・汚職問題を独自に調査して、国連批判を展開して国連の介入を阻止しようとしていた。国連が入ってくると自分たち主導で物事を決められなくなることを、チャラビは嫌がっていたのである。

一方、ワシントンでは、チャラビの支持者たちがブッシュ政権に対して猛烈な抗議行動を開始していた。もっとも精力的に動いたのがチャラビの親友である「リアル・ネオコン」リチャード・パールだった。

「チャラビに対するこの下品で非道な攻撃は、彼の前途を明るくする効果しかもたらさないだろう。チャラビの名誉を失墜させる政治工作が進んでおり、CIAやDIAが背後で仕掛けているようだ。元情報機関の騒がしい連中も、まったく根拠のない話をメディアに売り込むことに成功している」

パールはメディアの取材にこのように答え、盟友のジェームズ・ウルジーや元下院議長のニュート・ギングリッチと共にホワイトハウスに押しかけて、ライス大統領補佐官に直接抗議した。

一方国務省のアーミテージは、「ネオコンたちが二〇〇三年にチャラビと彼の手下をイラクに送って以来、チャラビたちは自動車強盗、恐喝などさまざまな犯罪行為に手を染めていた。さらに連中はイラク内務省などに押し入って多くのファイルを盗み、このイラク政府の書類を使って恐喝をしようとしていた」と私の取材に答えている。チャラビ・グループの犯罪行為や、とりわけ旧イラク政府の極秘文書を盗んで恐喝に使おうとしたことが一番の問題だったと説明していた。

このチャラビに対する「攻撃」が行われたタイミングは、アメリカ政府がイラクへの主権移譲を約一ヵ月後に控えて、ブラックウィル元大使が中心となって国連を巻き込んだ新たな政策を採ろうとしていた時期である。実際に主権移譲の受け皿となる暫定イラク政府をどのように組織するかをめぐり、CPAのブレマーの要請を受けて国連のブラヒミが関与を始めており、国連の影響力が強まっていた。これに対してチャラビは主にシーア派の政治家を組織して反国連ブロックを形成して対抗していた。

CIA・国務省連合が、ネオコン・チャラビ路線から主導権を奪い、国連を巻き込んだアプローチへと戦略の大転換を図る中、危機感をつのらせたチャラビは、旧イラク政府の秘密文書を使ってかつての国連絡みのスキャンダルを暴こうと画策した。そこでNSCのブラックウィル元大使と国務省が「チャラビ切り」をブッシュ大統領に進言し、その根拠としてCIAが「チャラビのイラン・コネクション」に関する情報を利用した……。これらの状況証拠からそんな仮説が十分に成り立つのではないか。

実際この時期、チャラビに対する攻撃を含めて、CIAはネオコン勢力に対して激しい諜報戦を仕掛けていた。

罠にかかった分析官

二〇〇四年六月三十日、FBIの捜査官グループが、西ヴァージニア・カーニーズヴィルにある国防情報局（DIA）の分析官の自宅を訪れた。この人物の名前はラリー・フランクリン。ぼさぼさの頭と濃い眉毛には白髪が交じる五十七歳の大柄の男である。温厚だがかつてレスリングで鍛え上げた肉体を五十代後半になっても維持するスポーツマンでもある。

ＦＢＩの捜査官たちはフランクリンに対し、あるスパイ事件についての捜査協力を求め、フランクリン自身にも容疑の目が向けられていることを示唆した。フランクリンがＦＢＩの家宅捜索に応じると、捜査官たちはすぐに「極秘」「最高機密」というスタンプの押された機密書類が自宅にあることを発見した。フランクリンは以前にも必要な手続きを取らずに機密書類を自宅に持ち帰り、ＤＩＡ当局から注意勧告を受けたことがあった。フランクリンは明らかに法律違反を犯したのである。この決定的な「弱み」を握られたフランクリンは、ＦＢＩの捜査への協力を余儀なくされる。

ケネス・ティマーマンの『陰の戦士たち』によると、ＦＢＩの取り調べ担当官は次のようにフランクリンを問い詰めたという。

「われわれはあなたが機密扱いの防衛情報を民間人に伝えていることを知っています。そしてこの民間人たちが外国政府と接触があることも押さえています。われわれはあなたとアフマド・チャラビとの関係、そして彼のイランとの関係についてもすべて把握しています。われわれが関心をいだいているのは、アメリカ合衆国に対する敵対的な諜報工作をストップさせることです。もしあなたがこの捜査に協力するのであれば、われわれはあなたを協力的な被告人として優遇措置を認めてもらうように判事に対して掛け合いましょう」

ＦＢＩの取り調べ担当官はこうフランクリンに切り出し、司法取引をオファーしたという。ここでＦＢＩ捜査官が言う「フランクリンとチャラビの関係」とはいったいどんなものだったのか？　そしてＦＢＩはなぜこのペンタゴンの分析官を罠にかけたのだろうか？

フランクリンはペンタゴンのインテリジェンス部門にあたる国防情報局（DIA）のイラン問題担当の分析官で、ペルシャ語を専門の外国語としている。地味な分析官でありながら行動派のフランクリンは、いつか米特殊部隊の第四心理作戦部隊に地域専門家か語学専門家として同行し、対イラン作戦に加わることを夢見ていた。イランに対してはレジーム・チェンジも辞さない強硬姿勢をとるべきだと考えていた。

そんなフランクリンに、911テロ事件後、好機が訪れた。二〇〇二年十月、ダグラス・ファイス国防次官は、フランクリンを新設の特別計画室（OSP）に配属したのである。OSPはラムズフェルド、ウォルフォウィッツがCIAに対抗するインテリジェンス活動の「チームB」として設置したもので、チャラビのINCから情報提供を受けていた。フランクリンはチャラビの担当者となり、国防総省でもっとも熱い情報戦の最前線に駆り出されたわけである。

フランクリンがOSPに配属される直前、国防総省は政権内の対イラン政策をめぐる激しい政策闘争のただなかにいた。二〇〇二年の夏に、国家安全保障会議（NSC）のイラン問題担当官である元CIA分析官のフリント・レヴェレットが、イランに関する大統領命令の原案を起草していた。イランに対するソフト路線を支持する穏健派のレヴェレットは、当時の改革派ハタミ大統領を支援し、イランとの関係修復に動き出すべきだとの線で原案をまとめていた。

これに対し、ペンタゴンのネオコンたちは、レヴェレットに対抗する案を作成するようにOSPのスタッフに命じ、マイケル・ルービンとフランクリンがペンタゴン案の起草に取り掛かった。フランクリンがOSPに移って最初に取り組んだ大きな仕事である。

レヴェレット等NSCのチームは、自分たちの案を売り込むため、外交・インテリジェンス・コミュニティのエスタブリッシュメントに働きかけ、老舗の外交シンクタンク「外交問題評議会（CFR）」がイラン問題に関する政策提言を発表した。タイトルは「イラン・新しいアプローチの時」で、レヴェレット路線を事実上支援する内容になっていた。著者にはロバート・ゲーツ元CIA長官やズビグニュー・ブレジンスキー元国家安全保障担当大統領補佐官などの大物が名を連ねた。

ルービンとフランクリンが起草した対イラン政策は、イランのレジーム・チェンジのオプションを含んだ強硬案で、ファイスたちを大いに興奮させたという。そしてフランクリンは二〇〇三年二月十二日、彼らの案を売り込む目的で、全米最大のイスラエル・ロビー団体「アメリカ・イスラエル公共問題委員会（AIPAC）」の外交部長スティーブ・ローゼンと会談した。AIPACの中東政策における米議会やホワイトハウスに対するロビイングの力は他に抜きん出て強かった。イスラエルの強硬な対外路線を支持するAIPACは、イスラエルの敵であるイランに対しても、もちろん強硬派である。

「ペンタゴン案をプロモートするために手を貸してくれないだろうか」。フランクリンはAIPACのロビイストたちに協力を要請。AIPACにとっても望むところだったろう。これがきっかけでイラン政策の立案や売り込みに関して、OSPはこのパワフルなイスラエル・ロビーと連携していくことになった。

さて、FBIがそんなフランクリンに目をつけた理由は何だったのだろうか？

ＦＢＩがフランクリンに捜査協力をすることを認めさせた二〇〇四年六月以降、ワシントンのネオコンたちの周辺に奇妙なことが起きている。リチャード・パールが証言したところによると、パールはこの六月に突然フランクリンから電話を受け取ったという。しかもメリーランドの自宅に、である。パールはフランクリンとは一度しか会ったことがなかったにもかかわらず、「チャラビにメッセージを伝えて欲しい」とこの国防総省の分析官は依頼してきたという。あまりの不自然さに勘のいいパールは「何かの罠ではないか」と考え、依頼を辞退するとすぐに電話を切った。パールは後にこの会話がＦＢＩに盗聴されていたことを知り、胸をなでおろした。

同じような怪しい電話による依頼は、別の有名なネオコンの自宅にも次々にかけられていたが、著名なネオコンは誰一人としてこの罠には引っかからなかった。そこでフランクリンは、それまでに何度も接触していたＡＩＰＡＣの職員スティーブ・ローゼンとキース・ヴァイスマンに話を持ちかけた。

「イラク北部のクルド地域のイスラエル人に対して、イランの連中が誘拐計画を実行する予定である」

ＡＩＰＡＣの二人は、イスラエル人を救うためにすぐにこの情報を在米イスラエル大使館に渡した。「米国防総省の高官がイスラエル・ロビー団体を介してイスラエル政府に機密情報を流した」ことになる。ＦＢＩによる典型的なおとり捜査と言えよう。

そしてその上でＦＢＩは、二〇〇四年八月にＣＢＳニュースに対して、「ＦＢＩがＡＩＰＡＣの事務所に対する家宅捜索を行った」という詳細情報をリークし、これを受けてＣＢＳは「米政府内に潜むイスラエルのスパイ」に関するセンセーショナルな報道を行い、一連のペンタゴン、ＡＩＰＡＣのスキャンダルが浮上したのである。

ちなみにイラクでチャラビのＩＮＣ職員逮捕の際に、情報面で重要な役割を果たしたＣＩＡの防諜部には、ＦＢＩからの出向者が多く、防諜分野ではＣＩＡとＦＢＩは緊密に協力している。つまりＣＩＡとＦＢＩは、イラクにおける反チャラビ・キャンペーンと、ワシントンにおける反ネオコン工作を、同時に連携して進めていた可能性が濃厚である。

ＦＢＩはパールのような著名なネオコンを引っ掛けることを狙っていたのだろう。この当初の目的は果たせなかったものの、ペンタゴン内でチャラビを担当するフランクリンを揺さぶり、ネオコン派の対外強硬路線を支える全米最大のイスラエル・ロビーの「スパイ」を「摘発」した。ネオコンの権威を失墜せしめ、その影響力を削ぐという意味では、一定の成功をおさめたと言えるだろう。

こうしたチャラビやネオコンに対する水面下での攻撃を仕掛ける一方で、国務省・ＣＩＡ連合はイラク政策の主導権を国防総省から奪うべく精力的な働きかけを、ブッシュ大統領に対して行った模様である。

二〇〇四年五月十一日、ブッシュ大統領は、国家安全保障大統領令三十六号に署名し、ＣＰＡを撤廃してイラク側へ主権移譲をした後、アメリカのイラク政策の担当を正式に国防総省から国務省へ移管することを命じている。

そして主権移譲の受け皿となるイラク暫定政府を牛耳る指導者として、ネオコン子飼いのチャラビではなく、ＣＩＡと関係の深いアラウィを立てることに成功した。ブレマーとブラックウィルが、ＣＩＡと国務省の全面的なバックアップを受けてホワイトハウスの主を説得したといえる。国務省とＣＩＡが国防総省と副大統領室のネオコンに対して、猛烈な巻き返しをはかり、成功を収めつつあるかのように見えた。

ＣＩＡの「レジーム・チェンジ」

ところがこの直後の七月にジョージ・テネットＣＩＡ長官が辞職すると、新長官としてフロリダ州選出の下院議員ポーター・ゴスが任命され、ＣＩＡの「大改革」が始まった。ゴスはチェイニー副大統領と関係が深く、「ＣＩＡを改革する」ために送り込まれたのだが、「改革」の名の下でネオコン勢と戦っていたＣＩＡの上層部をごっそりと入れ替えてしまった。一種の「レジーム・チェンジ」だったと言っていい。

ゴス新長官は、一九六〇年に名門エール大学を卒業後陸軍に入隊、短期間軍情報部に所属した後、六二年にＣＩＡに移り、十年間ＣＩＡの工作管理官をつとめた人物である。ＣＩＡの全盛期とも言われたこの時期に、ゴスはキューバのカストロ政権打倒を狙って失敗したピッグス湾事件をはじめ、メキシコ、ドミニカ共和国、ハイチなど主に中米諸国における反共秘密工作にかかわったと言われている。その後政治家に転じたゴスは、一九九七年から二〇〇四年まで下院情報特別委員会の委員長をつとめた、文字通りのインテリジェンス通である。

ＣＩＡ長官に任命されたゴスは、議会時代の側近を引き連れてＣＩＡに乗り込んだ。新長官は、八十名以上の「解雇者リスト」を携えてＣＩＡに来たと噂されており、ＣＩＡの古株局員を切って、「大改革」を断行するつもりだと言われた。

ゴスは就任早々「リスクを取ろうとしないＣＩＡの体質を変える」と宣言し、「高いリスクを背負って敵への潜入工作を果敢に行え」とＣＩＡ職員に発破をかけた。ゴスは「改革」を前面に掲げたものの、その背後にはＣＩＡとネオコンの対立があり、チェイニーと近いゴスが、「改革」の名を借りて、反ネオコン派のＣＩＡ上層部を一掃するためにやってきた……。少なくともＣＩＡの古株たちの目にはそう映ったようだ。

工作部門の職員やＯＢたちの間では、ゴスの「改革」に対する批判のメールが飛び交い、新長官着任から一ヵ月あまりの間に、ジョン・マクローリン副長官、ナンバー3のＡ・Ｂ・クロンガード、工作部長だったスティーブン・カップスとその副官マイケル・スリック、さらにはモスクワ及び中東支局長など主に工作部門の上層部が次々と辞職を余儀なくされた。その後も上層部の離脱は続き、優秀な人材が三十人近く「エージェンシー」を去ったといわれている。

これに対してネオコン側は、「ＣＩＡの反乱」だとして、痛烈にＣＩＡ批判を展開した。二〇〇四年九月二十九日に、ネオコンに近い『ウォールストリート・ジャーナル』紙が掲載した社説は、その代表的なものだろう。少し長いが引用してみよう。

「先週ＣＩＡの新長官への任命が承認されたポーター・ゴスに祝辞を送りたい。われわれは、ゴス氏がいまや二つの反乱と戦わなくてはならないことをよく理解していることを希望している。

一つはCIAが懸命にイラクで鎮圧しようとしている反乱であり、もう一つはブッシュ政権に戦いを挑んでいるCIA内部の反乱だ。

われわれは、自分たちが過剰反応しているだけだと思いたい。しかし過去数年間で、CIAの中の広大な一帯が米政府の対テロ政策に反対し、とりわけイラク政策に反対したことがいまや明白となっている。しかもそのような意見対立があることを内部にとどめておくのではなく、その〝非国民〟たちは自分たちの異議を公の場に持ち出すことを好んだ。それはたいてい、計算された匿名のリークという形態を通じてなされ、そうしたリークは常にCIAを正しく見せ、ブッシュ政権を悪く見せるように仕組まれていた……」

ネオコン寄りの同紙は、「米政府の」「イラク政策」に反対した「非国民」だとCIAを批難したが、実際にCIAが反対したのは「ネオコンの推す政策」であった。CIAが国務省と組んでチャラビに攻撃を加え、イラク政策での影響力をネオコンたちから奪取した矢先に、CIA本部で「レジーム・チェンジ」が起き、上層部がごっそり辞めさせられる事態が発生したわけである。ネオコンとCIAの暗闘の凄まじさを感じさせる出来事であった。

ネオコン派から事実上の「レジーム・チェンジ」をされたCIA。これに対してその同盟者である国務省は意外な方法で巻き返しをはかっていた。

二〇〇五年二月十七日、ブッシュ大統領は新設の初代国家情報長官に駐イラク大使をつとめたジョン・ネグロポンテを任命すると発表した。ネグロポンテは生粋の外交官であり、ブッシュ政権の内部抗争ではもちろん国務省派に属した。911テロ調査委員会の助言により、米議会は情報機関再編のための新法をまとめ、全情報機関を統括するポストとして、「国家情報長官」を新設していた。

従来、CIA長官には二つの主要な任務があった。一つは言うまでもなくCIAを統括、運営することである。そしてもう一つが、アメリカのすべての情報機関を統括し、全十六の情報機関から上がってくる情報をまとめて、合衆国大統領に対して「日次報告」として毎日情報報告をすることである。

ゴス新長官は、CIAの古株を一掃して局内の「大掃除」を終えれば、新しい情報帝国の帝王になれると確信していた。

この新しい決定が発表されてから数ヵ月間、ゴスに会った友人、知人たちは、ゴスがひどく落胆し、やる気をなくし、経験豊富な外交官のネグロポンテに、CIAの資産の一部を奪われるのを苦々しく見ていたと証言している。中でもゴスが意気消沈したのは、大統領日次報告を行う特権を剝奪されたことだったという。

そしてネグロポンテは、特に国務省から有能な人材を引き抜いて、国家情報長官オフィスの拡充に努めた。とりわけネオコン派が目を光らせたのは、分析担当の副長官のポストだ。なぜならこのポストにつく分析官が大統領日次報告をまとめ、国家情報評議会の議長として国家情報評価（NIE）の作成に責任を負うことになるからである。

ネグロポンテが選んだのは、国務省の情報分析官だったトーマス・フィンガーだった。フィンガーはイラク戦争の根拠の一つとなった二〇〇二年のNIEに批判的であり、イラク戦争前のイラク大量破壊兵器開発に関する当時の情報評価、すなわち「イラクが大量破壊兵器を隠し持っており、密かに兵器開発を続けていた」という結論に異論を唱えていた人物である。

また大量破壊兵器の拡散問題を担当する分析官として、国際原子力機関（ＩＡＥＡ）の米大使をつとめたケネス・ブリルが任命された。同氏はイラク戦争前、ブッシュ政権を代表してＩＡＥＡでイラクの大量破壊兵器の脅威を説得するという任務を事実上拒否し、国務省を解雇されていた人物である。ネオコンたちによって「歪められた」イラク大量破壊兵器の情報を、ＩＡＥＡの場で宣伝することを拒否した頑固な男である。

そしてもう一人の重要人物は、大量破壊兵器担当国家情報官に任命されたヴァン・フォン・ディーペンである。彼は対イラン穏健派として知られ、ブッシュ政権初期の強硬策には反対の立場をとっていた過去がある。特にアメリカによるイラン空爆という案に、「インテリジェンス・コミュニティの中でもっとも強硬に反対した」人物として知られている。また二〇〇二年以来、国際的な管理下でイランがウラン濃縮をする権利を有すると主張し、テヘランとの包括的な取引をすべきだという国務省穏健派のヴィジョンを強く支持する一人である。

フィンガー、ブリルそしてフォン・ディーペンは、いずれもイスラエルから提供されるインテリジェンスに対して強い不信感を持つことで知られており、親イスラエル派のネオコンとは犬猿の仲である。いずれもイラク戦争前の大量破壊兵器をめぐる議論の時には、ネオコン勢の強力な政治力の下で表舞台には出られず、隅っこに追いやられていた分析官たちだった。

本家のＣＩＡはゴスに乗っ取られて機能不全にさせられたが、国務省はネグロポンテを国家情報長官職に就けることで、ネオコンのＣＩＡに対する影響力を相殺しようとしたのだろう。国務省とネグロポンテは、いわば「アンチ・ネオコン」の分析官たちを集めて新しい国家情報長官のポジションを強化し始めたわけである。

シーア派宗教勢力との関係

さて、アメリカの後ろ盾を失ったチャラビは、「親西側」「民主主義」などというこれまで掲げてきた看板をかなぐり捨てて、今度はイラクで多数派のシーア派の宗教勢力に取り入っていた。とりわけ低階層の貧しいシーア派の若者の支持を得て急成長を続ける若き過激な指導者ムクタダ・サドルと懇意になり、ナイーブなこの若き政治指導者のアドバイザーになっていた。

サドルは「マフディ軍」と呼ばれる民兵を従えて、高まるアメリカ占領軍への不満を背景に急成長を続けていた。このサドル派の支援を背景にチャラビは、二〇〇五年一月に行われた初めてのイラク国民議会選挙では、シーア派の統一政治ブロック「統一イラク同盟（ＵＩＡ）」の形成に尽力し、シーア派多数派の強みを生かして選挙に勝利。ＵＩＡは最大政党となった。こうして同年四月に発足したイラク新政府では、首相の座こそ逃したものの副首相に任命され、劇的なカムバックを果たしたのである。チャラビのサバイバビリティ（生存能力）には驚くべきものがある。

イラクのシーア派はイランとさまざまな繋がりを持っていたが、マフディ軍を率いるムクタダ・サドルもイランの、とりわけ軍と関係を持っていた。そしてこれまでＣＩＡが何度も指摘してきたように、チャラビ自身もイランとはディープな繋がりがあった。

イラン革命防衛隊の国外専門部隊にあたる「クッズ部隊」は、隣国イラクを北部、中部、南部の三つの地域に分割してそれぞれに指揮官を置いて活動を行っていたとされる。この南部イラク地域の指揮官をつとめたのが、アフマド・フローザンダ大将だとされている。アメリカの軍や情報機関は、同大将を指名手配者リストの高位にランキングし、その居場所を突き止めることに躍起になっていた。ところが、チャラビは米軍によるイラク侵攻前に二度もフローザンダ大将と面談しているという。

CIAは、「その後もチャラビが同大将とコンタクトを取り続けていたのではないか」との疑いを持ち続けていた。チャラビやINCがバグダッド陥落後の混乱の中、バース党のファイルや旧イラク政府の書類を盗んだことはすでに述べたが、その書類はこのチャンネルを通じてイラン側にも流れた、とも言われている。

二〇〇四年五月二十二日付の『ニューズデイ』紙によれば、米国防総省の国防情報局（DIA）は、「アメリカが資金援助を続けたアフマド・チャラビのイラク国民会議（INC）は、数年間にわたってイランの情報機関に利用されていた」ことを静かに伝えている。「アメリカに偽情報を伝えるためであり、また高度なアメリカの秘密情報を収集する目的だった」とこの記事は報じている。

DIAと言えば、国務省の後にチャラビのINCに対して資金援助を行った機関である。CIAだけでなく、国防総省の情報機関までチャラビがイラン情報機関の手先であった可能性を疑い始めたようである。

　これをもって「チャラビはイランのスパイだった」と断定することはできない。繋がりがあったことと、どの程度実際にコントロールされていたのかはまた別の問題だからである。イランとて、チャラビの扱いには大変な困難と忍耐を要したであろうことは想像に難くない。

　チャラビの伝記を書いたジャーナリストのアラン・ロストンは、「問題とすべきなのは、彼がイランのエージェントだったかどうかではなく、彼がアメリカよりもイランに忠誠を誓っていたのかどうかだ。純粋にインテリジェンスの分野で判断すると、彼は間違いなくアメリカの情報機関に対するよりイランのそれに対して役に立っていた」と述べている。

　そして何よりも重要な点は、「チャラビがイランとの関係について決してアメリカ政府には言わなかったのに対し、彼がアメリカとの関係や出来事についてイランの情報機関に伝えたことを示す証拠には事欠かないこと」である。

　そしてアメリカのイラク戦争が、この男に振り回され続けたことだけは紛れもない事実である。

第8章

ペンタゴンの「レジーム・チェンジ」

追いつめられたチェイニーの腹心

「ネオコンが去ってブッシュ外交は柔軟路線にシフト」

そんな大見出しの長文記事が、『ウォールストリート・ジャーナル』紙の一面を飾ったのは、二〇〇六年二月六日のことだ。ネオコン派の応援団と目されていた同紙が、自らネオコンの退潮を認め「敗北宣言」を載せたことに、ワシントン・ウォッチャーは少なからず驚かされた。

〝遅々として進まない「イラク民主化」の現実に直面し、イラク戦争を主導したネオコンは表舞台から姿を消し、チェイニー副大統領の影響力にも陰りが見られ、代わりにライス国務長官を中心とした「リアリスト」たちによる伝統的な外交が復活している〟というのが同記事の主旨だった。

この記事の中で、ある二つの事件が〝ネオコンの退潮〟を裏づける象徴的な出来事として紹介されていた。一つは、前章でも触れた米国防総省イラン分析官のラリー・フランクリンが、イスラエル・ロビー・ＡＩＰＡＣの職員に機密情報を渡した事件である。二〇〇五年五月に、フランクリンはついに国家機密漏洩の容疑でＦＢＩに逮捕されている。

前述したように、フランクリンはブッシュ政権内のネオコンの代表格であるダグラス・ファイスの下で対イラン政策に携わっていた人物であり、しかも国防総省きっての対イラン強硬派であった。そんなフランクリンの逮捕の背景には、こうしたネオコン派の動きを快く思わない反ネオコン派の意志があった、とワシントンでは見られたのである。

『ウォールストリート・ジャーナル』が紹介したもう一つの事件とは、「ホワイトハウスの誰か」が米中央情報局（CIA）工作員の身元をマスコミに漏らしたとされる「CIA工作員名漏洩事件」のことである。

この「事件」は、イラク戦争開戦前に、イラクがウランを購入しようとしたとの情報の真偽を確認するために、CIAがジョセフ・ウィルソン元駐ガボン大使をニジェールに派遣したことに端を発する。

「英国政府はサダム・フセインが最近、アフリカから相当な量のウランを求めたことを突き止めた」

ブッシュ大統領が二〇〇三年一月の一般教書演説で使った例の「シックスティーン・ワーズ（十六語）」の元となった情報である。

きっかけは二〇〇三年五月の『ニューヨーク・タイムズ』紙に掲載されたニコラス・クリストフ記者のコラム「戦争で失ったもの――真実」だった。クリストフはこの中で、ブッシュ政権が意図的に米国民をミスリードしたことを示唆する、ある合衆国の元アフリカ大使の話を紹介した。この元大使は副大統領室からの依頼で、イラクがウランを購入しようとしているとの情報の真偽を確認するためにニジェールに派遣され、現地で調査を行った結果、情報はまるっきり間違いであることを報告した。しかしそれにもかかわらず、ブッシュ大統領はニジェール関与説を使い続けた、と記事は伝えていた。

〝ブッシュ政権が、イラク開戦を正当化するために、嘘と知りながらこのニジェール・インテリジェンスを使った〟ことを強く示唆するこのクリストフの記事は大きな反響を呼んだ。ただでさえイラクで大量破壊兵器が一向に発見されず、「ブッシュ政権は嘘だと知りながら国民をだまして戦争に踏み切ったのではないか」という批判があちらこちらから上がり始めていたので、ホワイトハウスはこの記事に敏感に反応した。副大統領室はすぐに国務省に問い合わせ、クリストフの匿名の情報源がウィルソン元大使であり、その妻がCIA工作員である事実を突き止めた。

当時のホワイトハウス内部の状況を、ブッシュ大統領の報道官だったスコット・マクレランが暴露している。

「秘密裡に、副大統領と側近のスクーター・リビーがすぐさま一部のジャーナリストたちを使って、ウィルソンの信用を落とす工作を始める」

マクレランの『偽りのホワイトハウス』は、インサイダーしか知りえないホワイトハウスの内部の雰囲気や秘密性の高いチェイニー副大統領室高官たちの動きを生々しく描いており、非常に貴重な記録である。

マクレランによればチェイニーたちは、「匿名で国家機密の情報の一部――ウィルソンの妻であるヴァレリー・プレイムの名前と正体、それに彼女がCIA工作員で、ウィルソンのニジェール行きに伴い、調査の協力をしたという事実」をジャーナリストに対してリークしたという。「この情報漏洩の目的は、ウィルソンが副大統領の命令でCIAによってニジェールに派遣されたという彼の公の主張にけちをつけることであり、それにより彼の信用を落とすことだった」とマクレランは書いている。

また続く七月六日には、ウィルソン元大使が自ら『ニューヨーク・タイムズ』紙に「アフリカで私が見つけられなかったもの」と題した意見記事を寄稿し、クリストフ記者の主張を繰り返した。

マクレラン元大統領報道官が述べているように、こうしたウィルソン元大使等の「攻撃」に対して、チェイニー副大統領室は「反撃」に出た。その反撃とは、「ウィルソン元大使の妻ヴァレリー・プレイムがCIAの秘密工作員であり、彼女が夫であるウィルソン元大使のニジェール訪問をアレンジした」という事実を複数のジャーナリストに暴露することであった。

「それがどうして反撃になるのか?」と疑問に思うかも知れない。が、さりげなく相手の主張の矛盾や誤りを指摘するような情報を流すことは、高度な情報戦における常套手段である。この場合、「ウィルソン元大使のニジェールへの訪問は副大統領室の依頼でなされたものではない」という印象を与えることがチェイニー陣営としては大事である。しかも副大統領室の依頼による公式の調査ミッションなどではなく、CIA局員である妻のコネによるものだという点を明らかにすることで、このニジェール訪問の「公的な」性格を否定するという狙いも含まれていた。

チェイニー陣営は情報戦の基本通りに動いたに過ぎない。すなわち、自分たちを非難した記事の中の事実関係の誤りを指摘することで、その記事の信憑性を下げるという基本である。しかし、問題が一つあった。CIAの秘密工作員の身元情報は国家機密にあたり、その身元を明かすという行為は連邦法違反にあたるということだった。

七月十四日に保守派の記者ロバート・ノヴァクが、ブッシュ政権高官のリーク情報を元に「ニジェールへの任務」と題されたコラムを発表し、このニジェールの調査について新事実を明らかにした。

「ウィルソンはCIAの職員だったことはない。大量破壊兵器に関する諜報活動をおこなっていたCIA工作員は、彼の妻のヴァレリー・プレイムだ」とノヴァクは暴露した。そして、「二人の政府高官から聞いた話によると、イタリアの（ウラン取引に関する）報告書を調査するためにウィルソンをニジェールに派遣するよう提案したのは、ウィルソンの妻だった」と付け加えて、丁寧に情報源が二人いたことまで明らかにしたのである。

CIA工作員だったヴァレリー・プレイムの正体を明かしたことで、このコラムは、ニジェール論争を、政権を揺るがす一大スキャンダルへと発展させてしまう。

ノヴァクの記事が発表されてから数週間後に、連邦法違反に関する司法省の捜査が始まり、ノヴァクに情報を漏洩した「二人」の政府高官を捜すメディアの激しい追及合戦も始まった。

この司法省による捜査の間中、マスコミの注目はチェイニー副大統領の首席補佐官だったスクーター・リビーに集中した。リビーはたくさんのジャーナリストたちの情報源になっていただけでなく、副大統領室の事実上のメディア担当も兼ねていたからである。

「副大統領室が、ウィルソン元大使に対する報復として妻ヴァレリー・プレイムの身元を明らかにした」というのが、多くのマスコミの記事の基本トーンになっていった。そしてリビーに止まらず、チェイニー副大統領自身までこの情報漏洩事件に関与していたのではないかと疑われた。

例えば二〇〇六年五月十四日には、米『ニューズウィーク』誌が、チェイニー副大統領が書いた走り書きの存在について報じた。チェイニーは興味を持った新聞記事の余白にコメントを書き込む癖がある。七月六日のウィルソン元大使が寄稿した記事の余白にも、チェイニー副大統領は、「妻が夫を接待旅行に送り出したのか?」などと走り書きをしていた。これはチェイニー副大統領が、ウィルソン元大使の身元をこの時点で知っており、彼自身がこの情報漏洩を指示したことを示唆する証拠だと考えられた。この「チェイニーメモ」に関して、この事件を捜査していたフィッツジェラルド特別検察官が、「副大統領が当時どんな考えだったかを把握することは重要だ」と述べたこともあり、「副大統領の大陪審での証言も近い」としてセンセーショナルに報じられたのである。

結局、マスコミの注目を浴びたこの事件で、ブッシュ政権高官は誰一人として「国家機密を漏洩した」ことでは罪に問われなかった。事件の発端となったロバート・ノヴァクにヴァレリー・プレイムの身元を明かした第一情報源は、何とアーミテージ元国務副長官であり、その裏づけとしての第二の情報源はブッシュ大統領の政治顧問カール・ローブ補佐官だった。もっともスクーター・リビーとカール・ローブとアリ・フライシャー報道官も、ノヴァクのコラムの前に、別の記者たちにこの情報を漏らしていたことが、その後の調べで分かっている。『タイム』誌のマット・クーパーや『ワシントン・ポスト』のボブ・ウッドワードなども同様の情報を得ていたのである。

アーミテージは自他共に認める「おしゃべり」で、プレイムがCIAの「秘密工作員」だとは知らずに話していたらしい。しかもチェイニー派とは敵対関係にあるアーミテージは、そもそもウィルソン元大使に「報復する」意図はない。よって無罪となった。ローブもフライシャーもスクーター・リビーも、プレイムが「秘密工作員」であることを知らずにこの情報を漏らしていたため、「国家機密の漏洩」では誰も罪に問われなかった。

しかし一人だけ、スクーター・リビーだけが、捜査の過程で偽証し、捜査活動を妨害したことで二〇〇五年十月二十八日に起訴された。リビーは、プレイムの身元について、あるジャーナリストから初めて聞いたと証言していたのだが、捜査が進むと、そのジャーナリストとの会話の前に別のジャーナリストに対してリビーがこの情報を伝えていたことが判明するなど、その証言に矛盾が生じた。こうして結局、スクーター・リビーは二〇〇七年三月六日に有罪判決を受けたのである。

この捜査によりスクーター・リビーが起訴され、副大統領首席補佐官の職を辞すると、チェイニー副大統領周辺が危機感で覆われた。リビーはチェイニーの側近中の側近であり、彼がいなくなったことで副大統領室は文字通り中枢麻痺に陥ったからである。

そしてチェイニー副大統領周辺では、この「チェイニー・バッシング」の背後にはアーミテージがいるとして、同氏に対する敵意が強まった。チェイニー陣営は、アーミテージがフィッツジェラルド特別捜査官に対して、リビーに不利になるようなさまざまな情報を提供し、マスコミに対しても同様の情報を流すことで、非難の矛先をリビーに向けさせた、と強く疑ったのである。

実際、副大統領室のスタッフの一人だった私の友人は、「ノヴァクに情報を漏らしたのはアーミテージだろう？　あいつはスクーターが批判されている間中、沈黙を守り続けていた。それだけでなくメディアを煽ってわれわれを攻撃させたのだ。おかげでスクーターの一生はぼろぼろになってしまった。彼の家族がどんな目に遭っているか知っているか？　アーミテージだけは許せない」と述べていた。

リビーと家族ぐるみで付き合いがあるというこの友人は、このように激しくアーミテージを罵り、リビーを擁護していた。対テロ戦争を通じて見られた《国務省・ＣＩＡ》と《副大統領室・国防総省》の政策闘争は、このニジェール論争を通じて、とうとう非常に激しい個人的な憎悪の感情へと発展してしまったのだった。

アーミテージの反論

このニジェール論争とリビー・スキャンダルについて、アーミテージ自身はどのように思っているのだろうか。二〇〇八年五月にインタビューをした際に、この問題についても質問してみた。実はあまりに繊細な問題なので、オフレコでなければ話をしてくれないのではないかと思っていた。「ここからはオフレコにしましょうか？」とたずねると、アーミテージは首を横に振り、「いや、いい。オン・ザ・レコードで証言したい」と言って説明を始めた。

「私はノヴァクとのインタビューでウィルソン夫人がＣＩＡの人間であることを話した。しかし彼女が秘密工作員であるということは知らされていなかった。それでも（彼女がＣＩＡであるということを）リークしたこと自体間違いであると判断し、この間違いに気づいてすぐに司法省に出向いた。司法省に行って、私が知っていることをすべて話す、どんな情報が必要ですかと自ら聞いたのだ」アーミテージはこのように述べた。そして、

「ところが私が司法省の捜査官たちから言われたのは、〝その必要はない〟という答えだった。なぜなら彼らは〝ホワイトハウスにいる誰か二人〟が計六人のジャーナリストにこの情報を漏洩したため、この二人が誰なのかを捜査しているというのだった。そして〝ホワイトハウスで何やら陰謀が行われている可能性があり、それを調べているので本件については黙っているように〟と言われたのだ」

という。アーミテージはつまり、司法省の捜査班から本件についての発言を口止めされていたので何も言わなかっただけだ、と断言した。

「そもそもこの件で私はリビーと話をしたことはないし、彼がメディアにこのことを漏洩したということも知らなかった。だいたいどうやって私がリビー・スキャンダルを起こすことができるんだい？　リビーが自分で嘘の証言をしなければ犯罪にはなっていないのだよ。なぜ彼が嘘の証言をしたのか私には分からないし、私は彼の嘘を誘導することなどできはしない。

リビーは、私が何かをしたから罪に問われたのではなくて、自分で嘘をついたから牢屋に行くことになったのだ。しかも検察側はリビーに対して、証言を正すための機会を数回与えていたにもかかわらず、彼は正そうとしなかった。その理由を私は知らない」

アーミテージはこのように説明した後、「そうそう、これは記録に残るように証言しておきた

い」と前置きした後で、「私はリビーと違い、弁護士を一人も雇わなかった。正直に本当のことを言うだけなのに弁護士は必要ないだろう？」と付け加えたのである。

アーミテージはこのように証言した後で、リビーやチェイニーに対する「バッシング」が行われた背景についても次のように付け加えた。

「もちろん、チェイニー周辺に対して悪く思うあらゆる人々が、このスキャンダルを理由にして、チェイニーたちを攻撃していたのは確かだ。でもそれは特別に組織化された陰謀のようなものではない。ここワシントンでチェイニー・グループに対してよくない感情を抱いている人が多くいるのは知っているだろう？　彼らがそれぞれの立場で、この機会にチェイニーたちを弱体化させようとしたことは間違いない」

イラク戦争をめぐる過去数年間の「内戦」の結果、すでに多くのワシントンのインサイダーたちが、「敵陣営」に対する激しい憎悪の感情を持ち、すきあれば敵に攻撃を加え、自分たちに有利な状況をつくろうと、日々敵方の様子をうかがっていた。このような状況の悲惨な結末として、「チェイニー・バッシング」が展開されたのであった。

そしてチェイニー副大統領の関与が強く疑われ、チェイニー派が劣勢に追い込まれていた二〇〇六年五月頃に、ワシントンでは別の大きな事件が二つ進行していた。

ゴスCIA長官の更迭

二〇〇六年五月五日、ホワイトハウスは突如、ポーター・ゴスCIA長官の辞任を発表した。長官に就任してからまだわずか一年半しか経っていなかった。異例の事態である。すでに前章で触れたように、CIAでは、ゴス新長官が就任して以来、とりわけ工作部門で上層部の管理者たちが次々に辞職し、機能不全に陥っていた。また同時にネグロポンテが国家情報長官に任命されたことで、ゴスは「上からの」干渉も受けるようになり、身動きが取れない状況に追い込まれていた。

ゴスに同情的なネオコン系雑誌『ウィークリー・スタンダード』は、五月十五日付の論説でこう書いている。

「ゴスは最近側近たちに対して、ネグロポンテが些細なことにまで干渉してくるのに耐え切れなくなっていると話していた。特にネグロポンテがCIAの分析官たちを彼の縄張りである国家情報官のオフィスに移動させようとしていることに強く反発していた。ゴスは分析官たちを工作現場に送って情報収集の現場を体験させるような改革を計画していたのだが、ネグロポンテは分析部門の主力となる優秀な分析官の一群をCIAから国家情報長官オフィスに大量に引き抜こうとした」

ネグロポンテはCIAから分析機能の一部を奪い取ろうとしていたようである。しかしゴスの辞任が決まると、ネグロポンテは自分の副官をつとめていたマイケル・ヘイデン元空将をCIA長官に推薦し、ヘイデン新CIA長官の就任が決まった。ネグロポンテの勝利である。彼は国家情報長官オフィスとCIAの両方をコントロール下に置くことに成功したのだった。

ゴスとその一派をCIAから追い出すと、ネグロポンテはゴスが就任した直後にCIAを辞職した「古株」たちを呼び戻し始めた。その一人がスティーブン・カップス元工作部長であった。カップスはCIAの秘密工作部門では伝説的な人物であり、ブッシュ政権の数少ない外交上の成功例として記録されている「リビアの大量破壊兵器プログラム破棄」を裏で仕組んで成功に導いた立て役者だと言われている。ゴスが部下を引き連れてCIAにやってきたときに、カップスは自身の部下を守るために辞職し、それが引き金となって「古株」の大量離脱が起きていた。『ワシントン・ポスト』の軍事記者ウォルター・ピンカスが、「カップスが戻ってくることでCIAのモラルは劇的に向上する」と書いたのはこうした背景によるものである。

実際カップスはヘイデン新長官を支えるCIA副長官という要職に大昇進しての帰還となり、CIAの古株たちは大いに盛り上がったという。工作部門出身者で副長官に任命されたのは数十年ぶりのこと。チェイニーやネオコン勢の圧力に曝され、続くゴス長官の登場でどん底まで落ちていたCIAの士気が、久々に向上したのがこの時期であった。

もう一つの「事件」とは、ブッシュ政権が正式に「イランとの直接交渉に条件付きながら応じる」との発表を行ったことである。二〇〇六年五月三十日、ライス国務長官の助言を受け入れて、ブッシュ大統領はとうとうそれまでの政策を転換する苦渋の決断を下したのであった。

実はブッシュ政権はこれまで何度もイランと直接交渉の席についたり、つこうとしたことがあった。二〇〇一年のアフガン戦争の時には、反タリバンの北部同盟の協力を取り付けるためにイランが前向きの影響力を行使し、その後のアフガニスタン新政府を発足させる政治プロセスでも、米政府、イラン政府は緊密に協力していた。

第一章で触れたように、CIAや国務省はグローバルな対テロ戦争にイランも協力国として「統合」していく戦略を練っていた。

しかし、ブッシュ政権内のチェイニー副大統領周辺や国防総省のネオコンは、イランに対しても「レジーム・チェンジ」を含む強硬策を望み、彼ら強硬派の後押しで、有名な「悪の枢軸」の一角にイランも含められてしまった。

このようにブッシュ政権内には、イラクと同様対イラン政策をめぐっても、《副大統領室・国防総省の強硬派》と《国務省・CIAのリアリスト》のいつもの対立が横たわっており、過去数年間、この政策闘争は強硬派有利に展開していた。

しかしイラクでアメリカが泥沼に嵌(は)まり身動きが取れなくなってくると、明らかに対外政策全体の歯車が狂いだしていく。ネオコン等強硬派はイラクの次にイランを叩く目論見でいたのだが、逆にイラクで行き詰まったアメリカに対して、イランが有利な位置に立ち出したのである。

イラクの米軍は、武装勢力が使う仕掛け爆弾（IED）に苦しめられるが、その部品の多くはイランから入ってきていると言われており、イランは核問題でアメリカが圧力を強めるのと連動させる形でイラクへの関与を強め、イラクでアメリカを苦しめる作戦に出たようだった。またイランの核開発問題をめぐる欧州諸国との交渉も行き詰まりを見せ、欧州諸国からアメリカに対してイランとの交渉に参加するようにとの圧力も強まっていった。

イランの核開発問題は、結局のところ、アメリカが直接対話に応じない限り根本的な解決の見通しは立たない。なぜならイランはアメリカがイランの安全を保障する何らかの約束をしない限り、アメリカに対する牽制の手段を持たなくてはならないからである。また核開発問題だけでなく、治安回復の目途が立たないイラク情勢においても、イラクのシーア派に影響力のあるイランと一定の協力関係を築かないことには、安定化への道は遠い。

ちょうどこのイラン政策の転換が発表される直前に、ラムズフェルド国防長官に対する辞任圧力が高まったのも、無関係ではあるまい。三月十九日付の『ニューヨーク・タイムズ』紙に、ポール・イートン元陸軍少将が「ラムズフェルド長官はイラク反乱武装勢力を過小評価した」として批判し長官の辞任を求めたのがきっかけとなり、イラク戦線で指揮官を務めた元軍幹部らが次々にラムズフェルド長官の辞任を要求したのである。異例の制服組による反乱である。

積もりに積もった制服組の不満が爆発し、前代未聞の元将軍たちの反乱につながったのだった。イラクが安定化に程遠いにもかかわらず、イランに対して新たな戦端を開くことさえ辞さないラムズフェルド一派の強硬路線に、制服組はついに堪忍袋の緒を切ったようだった。国務省、CIAそして軍の制服組が、官民挙げてチェイニー・ラムズフェルド一派に対する大逆襲に転じたのが、二〇〇六年の春だったのである。

失敗した首都奪還作戦

二〇〇六年五月と言えば、新生イラクでマリキ政権が発足した時期である。が、問題は治安状況が一向に改善の兆しを見せないことだった。

そこで米軍は、「主要な戦闘の終結」をブッシュ大統領が宣言して以来最大規模の軍事作戦、「共に前進作戦」を同年六月中旬に開始した。これはイラクの首都バグダッドの治安を回復させることを目的とした軍事作戦であった。要するに「首都だけでも取らなければ話にならない」ということで、首都バグダッドを武装勢力から取るか取られるかという、ある意味一か八かの軍事作戦だった。このため首都周辺部からバグダッドに部隊を集結させ、大規模な軍事作戦を行った。

特に米中間選挙を目前に控えた二〇〇六年九月中旬頃から、米軍はかなり厳しい情報統制を行い、慎重かつ大規模に軍事作戦を進めた。「中間選挙前までに何が何でも結果を出せ」というワシントンからの猛烈な政治的プレッシャーの下で、米軍は最後の一か八かの作戦を展開したわけである。

この作戦名の「共に前進」の「共に」というのは、「イラク軍と米軍・連合国軍が共同で」ということを意味していた。米軍が武装勢力を掃討して追い出した後、イラク軍がその「清掃された」地域を「維持して」治安を回復するという作戦だったのだが、マリキ政権が約束していた数のイラク軍部隊を派遣しなかったこともあり、「維持」するはずの部隊が不在のまま、中途半端な軍事作戦に終わってしまった。

しかも、中間選挙を前にした政治的に大事な時期に、駐イラク米軍指導部による一種の「反乱」も起きている。十月十九日に、駐イラク米陸軍のスポークスマンであるコールドウェル少将が、「この『共に前進作戦』は全然思うようにうまくは行っていない」という事実を堂々と記者会見で発表してしまったのである。そしてこのコールドウェル発言を裏付けるかのように、十月の米兵の死者数が百名を超えるという統計数字が出たのだった。

またこの時期、「イラク軍の無能ぶり」も米マスコミで数多く報じられた。恐らく駐イラクの米軍周辺からリークされたものだと思われるが、「イラク軍には給料を払う銀行振り込みのシステムがなく、手渡しで給料をもらってそれを家族に渡さなければいけないので、軍人たちは一ヵ月のうち一週間は休みが取れることになっている。それで、大事な軍事作戦をやるというときになると、みんなその休みを取ってしまって人数が集まらない。従って頭数だけは二十万とか何十万とかいることにはなっているが、実際に軍事作戦をやるときに集まるのはだいたいその三五％程度に過ぎない」という驚くべき実態が、『ニューヨーク・タイムズ』などで詳細に報じられたのである。

ブッシュ大統領がこれまで繰り返し有権者に説明していたイラクの出口戦略は、「イラク軍が育成されて、自立すればそれに応じて米軍は削減できる」というものだった。ところがそのイラク軍がマスコミの報じるように無能なのであれば、米軍はいつまでたっても撤退できないという理屈になる。実際このような先の見えないイラク泥沼の現状が、中間選挙を前にして繰り返しメディアで伝えられ、ブッシュ政権にとって決定的なネガティブ材料になったのだと思われる。そして、中間選挙では共和党が文字通りぼろ負けを喫したのである。

この中間選挙で大敗を喫したブッシュ政権は、すぐにラムズフェルド国防長官を更迭してロバート・ゲーツを新長官に任命した。この長官人事の意味は、ゲーツのバックグラウンドを少々説明するだけで十分であろう。

ゲーツは一九六六年に入局以来、CIA内で出世街道を駆け上がり、一九八六年には副長官、ブッシュ・シニア政権時の一九九一年から九三年にCIAのプロパーとして初めて長官に抜擢された。頭のてっぺんから足の先までCIAの人間である。退官後はテキサスA&M大学で教鞭をとり、二〇〇二年からは同大学の学長をつとめていた。ゲーツはインテリジェンス通のブッシュ・シニアのときにCIA長官をやったことから、退官後もブッシュ・シニアとは個人的な親しい付き合いがあり、スコウクロフトやベーカーなどと同様「ブッシュ・ファミリー」の一員と見なされている。ブッシュ・シニア人脈とその戦略観が現在のCIA・国務省連合のベースにあることを考えれば、ゲーツの国防長官任命は、「ペンタゴンのレジーム・チェンジ」と言ってもいいほど大きなインパクトのある出来事だと考えてもいいだろう。

二〇〇六年に入ってから展開されていたCIA・国務省派によるネオコン・チェイニー派に対する猛烈な巻き返しの延長線上で、この国防長官人事がなされたのである。

スンニ派を取り込むために

二〇〇七年一月十日、ブッシュ米大統領は新しいイラク政策を発表した。

最大五個旅団二万人強の米兵を首都バグダッドやアンバル地方に増派すると共に、民生安定に向けイラク人を雇用するために公共事業などに最大十億ドルの緊急経済支援を行い、さらにシーア派とスンニ派の和解を中心とした政治プロセスを積極的に推し進めるという内容だった。

中間選挙での惨敗を受けて、ブッシュ政権はラムズフェルド国防長官を更迭して、ＣＩＡ・国務省派の流れを汲むロバート・ゲーツを任命し、イラク政策の抜本的な見直し作業を進めた。そして一月に入ってイラク駐留米軍の司令官として新たにデヴィッド・ペトレイアス陸軍中将を任命した。

ペトレイアス中将は、イラク戦争後の占領統治の中で、米軍が惨憺たる結果しか出せなかった中で、唯一の成功例を築いた人物である。彼は、第１０１空挺師団を率いてイラク北部のモスルを占領した後、治安回復のための措置をとり、経済を活性化させるためにシリアとの国境を開いて貿易を奨励し、民主的な選挙を行って議会を設立するなどして、他の地域で略奪、強盗、テロが激化する中で、唯一安定した地域を築いた実績を持っていた。

同中将はまた、対武装反乱戦略に関する米軍内部のマニュアル作成に携わっており、いわばゲリラ・武装反乱対処の専門家でもある。ペトレイアスは「米軍を増派して主に治安回復・維持に尽力してイラク人の安全のために働くことで、イラク国民の信頼を回復し、経済を回復させ、政治プロセスを前進させる以外に道はない」と考えていた。

これは対ゲリラ戦の基本の基本だが、問題はこのぎりぎりに追い込まれた状況で、基本に戻ってもう一度やり直すということができるかどうかだった。ブッシュとゲーツはこの大決断を行い、ペトレイアスにすべてを託したのである。

ペトレイアス指揮下の米軍は、ゲリラ戦の基本に立ち返り、町のあちらこちらに監視ポストを設け、危険を承知でイラク軍と共に徒歩でのパトロールを行い、検問を多数設けて安全地域を少しずつ拡大していった。こうして二〇〇七年の前半は米軍の被害が急増するが、同年後半から二〇〇八年にかけて、治安は劇的に改善していく。

しかし、この治安回復にはもう一つ理由があった。

イラク戦争の主要戦闘終了後、アメリカやイラク新政府の支配にもっとも強く反対し、武装反乱の中心的役割を担ってきたのは、旧サダム・フセイン政権時代に支配的な地位にあったイスラム教スンニ派のグループだった。

旧バース党員や旧軍人を多く含むスンニ派は、非バース党化政策やイラク軍解体命令などの「壊滅的な政策」の結果、シーア派が中心の新政府から疎外され、新しい政治プロセスから締め出され、政治的、経済的な権益を失っていた。

このためバグダッドやアンバル県などスンニ派が多数を占める地域で、もっとも激しい反米・反政府武装闘争が繰り広げられたのである。こうしたスンニ派の反乱という混乱状況に乗じて、近隣のサウジアラビアなどから外国義勇兵（いわゆるアルカイダ）がやってきて自爆テロなどを行い、さらに状況を悪化させたのである。

ペトレイアスが「増派戦略」の隠し球として二〇〇七年初頭以来進めたのは、実はこのスンニ派の反乱武装勢力を取り込むという作戦だった。首都バグダッドを中心にスンニ派地域の治安を回復させるには、政治プロセスから排除されているスンニ派を何らかの形で取り込むしかない。

一方のスンニ派武装勢力も、外国からやってくるアルカイダの目に余るテロに嫌気がさしたのと、現シーア派マリキ政権に対するイランの影響力の高まりに危機感を強め、米軍に共闘を申し出た。地元に根づいたスンニ派の部族を中心とする集まりは「覚醒評議会」と呼ばれ、そのメンバーである民兵組織は「イラクの息子たち（SOI）」と名づけられた。その数は十万人を超えた。

米軍はこの十万人のメンバーに、一人あたり三百ドルから六百ドル程度の月給を支払い、イラク軍や警察とは別の自警団を組織させたというわけだ。そして彼らが治安回復の立て役者になった。これまで過去数年間、激しい反米武装闘争を行ってきたスンニ派武装勢力を、逆に地域の治安要員として雇うこのプログラムは大成功し、バグダッドを中心にスンニ派地域の治安が劇的に改善していったのである。

二〇〇七年のピーク時と比較して米軍やイラク政府に対する武装勢力による攻撃数は二〇〇八年末時点で八〇％近くも激減した。

チャラビやネオコンたちの入れ知恵でなされた非バース党化政策やイラク軍解体命令が、いかにイラクの治安を悪化させていたかを逆に証明したような治安の回復の仕方だった。スンニ派の取り込みも、米軍の増派も、チャラビに毒されたネオコンや「スモール・イズ・ビューティフル」信者のラムズフェルドがいる限り、決して採用されることのない政策だったと言っていい。

数年間におよぶ《ＣＩＡ・国務省》派と《副大統領室・国防総省》派の激しい内戦の末、後者の影響力が弱まり、ペンタゴンの「レジーム・チェンジ」が成功してはじめて、イラクの治安改善の道が開けたのである。

第9章

オバマ新政権の行方

二〇〇九年一月二十日、米民主党のバラク・オバマが、第四十四代のアメリカ合衆国大統領に就任した。「変革（チェンジ）」というメッセージを掲げて二〇〇八年の大統領選挙で圧勝し、アメリカ国民の熱い期待を一身に浴びて、米史上初の黒人大統領誕生の快挙を成し遂げた。

９１１テロに対する報復からはじまった「対テロ戦争」は、ネオコン主導の下でイラク戦争に発展し、米軍はアフガニスタンとイラクで二つの長い戦争に突入し、もがき苦しんだ。この間ワシントンは、《副大統領室・国防総省》同盟と《ＣＩＡ・国務省》連合に真っ二つに分裂して泥沼の「内戦」を激化させた。こんな状況に嫌気がさしたアメリカ国民が「変革（チェンジ）」を求め、フレッシュな若き黒人指導者に期待をよせたのは当然の流れだった。つまり、ブッシュ政権がイラクの泥沼に陥り、ワシントンの「内戦」をここまで悪化させたことが、オバマ大統領誕生への道を開いたと言うこともできるだろう。

こうして「外」でも「内」でも深く傷つき、酷く病んだアメリカを、オバマ新大統領はどのように立て直そうとしているのか。新政権の外交・安全保障チームの顔ぶれから、その外交ヴィジョンやそれを実現するための手法を分析してみよう。

ロバート・ゲーツ国防長官が続投

オバマ新政権の外交・安全保障チームの要の一人として早々と決まったのが国防長官であり、何と現職のロバート・ゲーツを続投させるという決定が下された。ゲーツの続投に関しては、民主、共和両党の外交・安全保障問題を専門とする議員グループが、オバマに対して強く要請を行ったことが伝えられており、オバマ新大統領は、「安全保障分野は超党派で行くこと」を強く印象付け、しかも舵取りが極めて難しいイラクからの米軍撤退への道を確実に進めていくためにも、ゲーツに継続して国防長官をつとめてもらうことを決めたようである。

これまで見てきたように、ゲーツは二〇〇六年秋の中間選挙での共和党大敗を受けて、ドナルド・ラムズフェルドから国防長官職を引き継いだ。ラムズフェルドの強烈なキャラクターの後だっただけに、この謙虚で控えめな仕事人はあまりメディアの注目を浴びることがなかったが、国防長官に就いてからのゲーツの働きには目を見張るものがあった。

「独裁者」ラムズフェルドの下でネオコン派文民指導部と制服組の関係はずたずたに引き裂かれていたが、ゲーツは国防長官に就任すると、すぐに制服組との関係修復に努めた。自ら地域司令部に足を運び、現場の司令官たちの意見に耳を傾け、「傷跡」を少しずつ癒していった。また国防総省と議会の関係も、議会を軽視した前任者のせいで最悪の状態になっていたが、ゲーツは謙虚に議会に出向き、詳細に現状や方針を説明し、議会の支持を得るように努めた。

さらに激しい権限争いを行ったCIAとは、ゲーツ自身がCIAの出身者であったことから関係は改善し、これまた競争相手として関係を悪化させた国務省とは、逆に外交面での協力関係を強化させた。ブッシュ政権の最後の一年間には、ゲーツ国防長官とライス国務長官が揃って外国を訪問し、協力してロシアなどとの困難な交渉にあたる姿が見られた。

こうした実績が買われ、外交・安全保障コミュニティにおけるゲーツの評価は非常に高い。ゲーツは、共和・民主のリアリスト派の圧倒的な支援を得て、オバマ政権でも国防長官を続けることになったと言える。

ヒラリー国務長官の周りに集うネオコン

国務長官に抜擢されたヒラリー・クリントンは、オバマと最後までデッドヒートを演じた元大統領夫人の上院議員である。ヒラリーは選挙キャンペーン中、自身を「現実主義的な国際主義者」だと称し、「これからは国際主義者でありながらも現実主義者でなくてはならない」と述べていた。

民主党内では人権問題等を重視するリベラルな国際主義者が強い基盤を形成しており、ヒラリーもこの流れに属すると見られているが、外交・安全保障問題ではタカ派的な側面を持ち合わせており、ネオコンと非常に近いことが指摘されている。ケイトー研究所のエド・クレーン所長は二〇〇七年七月に『ファイナンシャル・タイムズ』に、「ヒラリー・クリントンはネオコンか？」

という記事を寄稿し、ヒラリーの思想とネオコン思想の共通性について論じていたが、道徳的側面を重視して対外的にタカ派なヒラリーは、実際にネオコン派に人気があり、今回の国務長官就任にワシントンのネオコンは拍手喝采している。

ヒラリーの外交アドバイザーの中でも特に注目されるのがリチャード・ホルブルックである。ホルブルックはヒラリー国務長官の上級アドバイザーおよび大統領の外交特使として次期政権が重視するインドやパキスタン、アフガニスタンといった南アジアを担当する。

また、もう一人オバマ大統領やヒラリー長官に影響力を持つ外交アドバイザーとして注目されるのが、デニス・ロスである。同氏は親イスラエル派でネオコンにも近いワシントン近東研究所というシンクタンクに身を置いていた。実はホルブルックとロスは、ネオコンの重鎮であるジェームズ・ウルジー元CIA長官と共に「団結してイラン核武装に反対する会」という超党派のグループを立ち上げて、盛んに対イラン強硬論を宣伝している。ヒラリー国務長官の周りに集うこうしたネオコン色の強い対外強硬派と、「仕事人」ゲーツ国防長官との間に隙間風が吹く可能性は十分にある。

外交・安全保障チームの人事で、もっとも「サプライズ」だったのが、国家安全保障問題担当大統領補佐官のポストである。オバマはこのポストに、軍歴四十年の「海兵隊員の中の海兵隊員」ジェームズ・ジョーンズ元海兵隊総司令官を指名した。しかしジョーンズはそれまでオバマとはそれほど近くはなく、二人は「過去に二度しか話をしたことがない」と米『タイム』誌は報じていた。

ジョーンズは、小隊を率いてベトナム戦争に従軍して以来、湾岸戦争やバルカンでの戦争を経験し、北大西洋条約機構（NATO）の最高司令官までつとめた猛者であり、米軍の制服組の中でもっとも尊敬を集めている人物でもある。NATO司令官として、NATOのアフガニスタン作戦を取りまとめ、退官後はブッシュ政権でライス国務長官の中東安全保障問題特使としてパレスチナの治安部隊の組織作りの支援にあたった。米議会における海兵隊の連絡要員をつとめたこともあり、議会にも顔が広い。アフガニスタンの作戦を指揮しただけでなく、イラク治安機関の育成状況についての実態調査を広範に行って提言をまとめたこともあり、イラク情勢にも通じている。

オバマが大統領候補としてアフガニスタンを訪問したときに、ジョーンズがオバマにブリーフィングをしたことがある。このときジョーンズは、「間違ってはいけません。NATOはアフガニスタンで勝ってはいません」と述べたという。そしてテロリズムに関して言えばアフガニスタンが「震源地」であり、「ここでの失敗は、テロリストに対して明確なメッセージを送ることになる。アメリカや国連や軍を派遣した三十七ヵ国がテロリストによって敗北させられるのだということを」とジョーンズは率直に述べたという。

ジョーンズは現役時代にはラムズフェルドやネオコンに批判的だったことが知られており、安全保障コミュニティの中では、ネオコン・グループとは仲の悪いリアリスト派のエスタブリッシュメントに属している。ブレント・スコウクロフト元大統領補佐官と近く、ゲーツ国防長官との関係も緊密であるため、ゲーツ・ジョーンズのコンビで、イラク、アフガニスタンといった舵取りが難しい安全保障政策をさばいていくことになると思われる。

最後までもめたＣＩＡ長官ポスト

主要な外交・安全保障関連のポストで最後まで決まらなかったのが、中央情報局（ＣＩＡ）長官職である。大統領選挙期間からオバマのインテリジェンス問題でのアドバイザーをつとめた元ＣＩＡ高官のジョン・ブレナンが最有力視されていた。ところが、ブッシュ政権時代の対テロ政策で、ＣＩＡがテロ容疑者に対して拷問などの手段を用いていたことが問題になり、ブレナンのかかわりが指摘された。それで同氏はＣＩＡ長官職を自ら辞退し、この人事が遅れたという背景がある。

結局ブレナンはテロ対策を統括する大統領補佐官に就任し、ＣＩＡ長官にはレオン・パネッタ元大統領首席補佐官が指名された。パネッタはインテリジェンス活動の経験がまったくないため、議会のインテリジェンス委員会の重鎮たちから反対の声が上がった。議会重鎮たちはスティーブン・カップス現ＣＩＡ副長官の昇格を求めていたが、結局パネッタの長官就任を受け入れると表明。

パネッタは元大統領首席補佐官として管理能力の高さに定評があり、また拷問などの人道に反する手法に強く反対してきた実績から、ブッシュ時代の対テロ戦争を通じてできたＣＩＡのダーティーなイメージを払拭し、議会やホワイトハウスとＣＩＡの関係を修復させる上でも、同氏は最適だとの指摘もある。

パネッタ新長官は、カップス現ＣＩＡ副長官に引き続き副長官としての補佐役を任せることを約束しており、ＣＩＡ特有の「外部の人間」に対する敵対心を和らげようと努めている。何よりも、パネッタがホワイトハウスや議会と強力なコネがあることは、ＣＩＡ長官として大きなメリットである。ゲーツ国防長官との関係もよく、国防総省・ＣＩＡの関係も、ブッシュ政権時代に比べればはるかにスムーズになることが予想される。

またアメリカの全情報機関を統括する国家情報長官のポストには、デニス・ブレア元太平洋軍司令官が指名され、またしても元軍人がこのポストを占めることになった。

このようにオバマ新政権の外交・安全保障チームは、強力な実力者で占められた。特に舵取りの難しいイラクやアフガニスタンの実情を、実務面からも熟知しているプロフェッショナルたちを投入した。イデオロギー色の薄い、現実主義者のプロたちを配して、オバマ新大統領はどんなヴィジョンを実現しようとしているのだろうか。

オバマ新政権の外交ヴィジョンの一端は、二〇〇九年一月十三日に開催された米上院外交委員会での国務長官指名承認をめぐる公聴会で明らかにされた。新政権で国務長官の要職に指名されたヒラリー・クリントン上院議員は、

「アメリカはもっとも差し迫った問題を一国だけで解決することはできず、また世界もアメリカ抜きでこれらの問題を解決することはできないでしょう。グローバルな脅威を減らしグローバルなチャンスをつかむというアメリカの利益を促進する最善の方法は、グローバルな解決策を練り

上げてそれを実施することです」

と述べて、ブッシュ政権の一国主義的なアプローチとは正反対のグローバルな国際協調主義的アプローチを採ることを宣言した。そして、

「われわれは〝スマート・パワー〟と呼ばれる外交、経済、軍事、政治、法律そして文化的な手段、われわれが使用可能なあらゆるツールを検討し、状況に応じてもっとも適切な手段を使っていく。このスマート・パワーでは、外交が対外政策の中心的な役割を占めることになる」

と述べて、これまた軍事に偏重したブッシュ政権のアプローチから、外交を中心にあらゆるツールを組み合わせて使っていく「スマート・パワー戦略」への転換を明確に打ち出した。

この「スマート・パワー」という概念は、単にソフトな外交重視路線を表現する「キャッチ・コピー」のように思われがちだが、実はこの概念は、過去数年間のイラク、アフガニスタンにおける泥沼の中で多くの犠牲を払って得られた教訓や苦い経験をもとに、軍や外交コミュニティのエスタブリッシュメントの一部が練り上げたものである。

例えば二〇〇八年三月に、アンソニー・ジニ大将とレイトン・スミス提督を議長に据え、五十名以上の退役将軍たちで構成される「国家安全保障諮問委員会」が、各大統領候補に対して「スマート・パワー」戦略を取り入れるように精力的な働きかけを行っていた。同年三月五日にジニ大将とスミス提督は米上院外交委員会で次のように述べている。

「アメリカは、国境を越えるテロリズムや感染症などのグローバルな脅威から自国の安全を守るために、軍事力だけを頼りにすることはできません」

二人の元軍人はこのように述べて軍事力の限界を指摘し、今日世界とアメリカが直面している安全保障上の脅威を、イラクやアフガニスタンでの経験をもとに説明している。

「今日の世界における〝敵〟とは、実は貧困、感染症の蔓延や政治的な混乱や腐敗、環境問題やエネルギー問題などといった〝諸条件〟それ自体だったのです」

そしてこの問題の本質を見据えて解決策を考えてみたら、「軍隊だけではとうてい解決できない」という当然の結論が導き出されたわけである。

「テロリズムには純粋に軍事的な解決法はありません。（中略）われわれ軍人は侵略者を打ちのめし、秩序を回復したり治安を維持したりすることはできますが、政府を改革したり、国家の経済問題を改善させたり、特定の国の政治的な不満を是正させることなどできません」

「そしてだからこそ、軍事、外交、開発という三つの力のバランスを戦略的に調整しなくてはならないのです。これが、われわれがスマート・パワーという言葉を使って言わんとしていることなのです」

またリアリスト系シンクタンクの戦略国際問題研究所（CSIS）も、リチャード・アーミテージ元国務副長官とハーバード大学のジョセフ・ナイ教授をトップに据えて「スマート・パワー委員会」を設置し、二〇〇七年十一月には、「スマート・パワーを911後の世界におけるアメリカの安全保障戦略の中心に置くべきだ」という提言を行っていた。

「スマート・パワー」戦略の裏には、ネオコンと敵対してきた外交・安全保障コミュニティのリアリストたちの存在があり、あまりに軍事に偏り過ぎたネオコン・アプローチに対する強烈なリアクションという側面があったのである。

キーワードは「バランス」

このスマート・パワー戦略は、ロバート・ゲーツ国防長官が主張する「バランス」の重要性ともピタリと合致している。ゲーツ国防長官は外交雑誌『フォーリン・アフェアーズ』誌の二〇〇九年一、二月号に「バランスの取れた戦略」という論文を寄稿し、イラクやアフガニスタンで展開されているようないわゆる「非正規戦」に対応できるような体制の早急な整備を訴えた。

アメリカ軍は、国家対国家の伝統的な戦争を前提としてそのほとんどの制度や仕組みが構築されているが、昨今の脅威の質の変化などを踏まえて、非正規戦やその他の不測事態、紛争後の復興・安定化段階での活動など、戦争以外の安全保障活動にも対応できるように、国防総省内の資源の配分をよりバランスの取れたものにする、という主張である。

この論文は主に国防総省内の改革について論じているが、ゲーツ国防長官はこれまで一貫して国家安全保障機構全体のバランスが著しく軍事に偏向していることを指摘してきており、より外交や開発援助を重視するように訴えていた。例えばゲーツは二〇〇七年十一月二十六日にカンサス州立大学で行った講演で、

「もしわれわれが今後数十年間に世界が直面する無数の挑戦や変化に対応しようとするのであれば、軍事力以外の重要な国力の構成要素を、制度的にも財政的にも強化しなくてはならない。そ

して国力のすべての構成要素を統合して国外で起きる問題や挑戦にあたらせるような能力を創出しなくてはならない。CIA長官や国防長官として七人の大統領に仕えた経験をもとに、私はソフト・パワーを使う能力を強化し、そのソフト・パワーをハード・パワーとうまく統合させるべきだということを明確にしたい」

と述べて、

「国家安全保障分野における文民が持つツール、すなわち外交、戦略的広報、対外援助、市民活動や経済的復興や開発に対する支出を飛躍的に増大させることが必要だ」

と説いたのである。驚くことに、冷戦時代のスパイ・マスター（CIA長官をこのように呼ぶ）であり国防総省のトップであるゲーツ長官が、外交を司る国務省や対外援助を担当する国際開発庁（USAID）の予算増大を訴えたのである。日本でいえば防衛大臣が外務省やJICAの予算増額を求めるようなものである。

今日の安全保障問題は軍事力だけでは解決不能なので、安全保障政策を実施する上で、国務省やUSAIDの役割や機能を強化し、軍事偏重のこれまでの資源配分のバランスを是正していこうというものだ。とりわけ、米軍が持つ世界的な展開能力が突出し、マンパワーの面でも機能面でも国務省などが劣っていることに鑑み、国務省などの機能の強化や、国防総省と国務省の連携や統合的な運用の拡大をゲーツ長官は主張しているのである。

もはや一国のみで、しかも軍事力だけで安全保障問題を解決することなど不可能である。すべての国力を結集して安全保障問題に対処すべきだというのが、ゲーツ長官も支持するスマート・

パワー戦略の本質なのであろう。そして軍事一辺倒から外交や開発援助とのバランスをはかる。イラク一辺倒から他の中東諸国や他地域とのバランスの取れた外交を展開する。あまりに偏り過ぎたブッシュ政権の路線を「チェンジ」させる。オバマ新政権の安全保障政策においては「バランス」がキーワードになりそうである。

しかし、オバマ政権は、この「スマート・パワー戦略」を実際にどのように実施していこうと考えているのだろうか。

結論から言えば、同政権は今後、国家安全保障機構の大再編、大幅な構造改革に取り組む可能性が高い。ジェームズ・ジョーンズの国家安全保障問題担当大統領補佐官への起用は、この文脈から考えるのが適当だろう。

まずジョーンズは前述したアンソニー・ジニ大将たちがまとめた「スマート・パワー」提言の賛同者の一人であり、ゲーツ長官ともこの点での考え方は近い。またジョーンズは、超党派の「国家安全保障改革に関するプロジェクト」の運営委員会のメンバーの一人でもある。二十二人の運営委員会のメンバーは外交、軍事、情報機関の大物ばかりであり、ロバート・ブラックウィル元駐インド大使、ウェズリー・クラーク大将、トーマス・ピッカーリング元国連大使、ジョセフ・ナイ・ハーバード大学教授、ブレント・スコウクロフト元大統領補佐官などを含んでいる。ブラックウィル大使は対イラク政策でネオコンと戦った人物であり、ナイ教授はアーミテージの親友である。スコウクロフト元大統領補佐官はリアリスト派の重鎮である。

そしてこの運営委員会のメンバーであり、このプロジェクト全体の事務局次長もつとめたのが、オバマ新政権で国家情報長官に指名されたデニス・ブレア提督である。オバマ政権の国家安全保障担当補佐官と国家情報長官の二人が、この「国家安全保障改革プロジェクト」の主要メンバーだったわけである。

さらにこのプロジェクトにかかわった中心メンバーの一人ミッシェル・フローノイも、新政権で政策担当国防次官の要職に就いている。フローノイは、東アジア・太平洋担当国務次官補に指名されたカート・キャンベルと共に二〇〇七年二月に「新しいアメリカの安全保障のためのセンター（CNAS）」という小さなシンクタンクを設立している。

驚くことに今回の政権人事では、年間予算が六百万ドルしかなく、スタッフも事務方を入れて三十名ほどしかいないこのCNASから、十五名もの精鋭たちがオバマ政権の外交・安保チームの要職に抜擢されている。フローノイとキャンベルに加えブレア提督もCNASの理事をつとめているほか、国防副長官に指名されたウィリアム・リン、国務副長官のジェームズ・スタインバーグ、国連大使のスーザン・ライスも同じくCNASの理事会のメンバーである。また同理事会にはリチャード・アーミテージ元国務副長官も名を連ねており、アーミテージやスコウクロフトなどのリアリスト派のネットワークに繋がっていることが分かる。オバマ新政権の外交・安全保障チームでは、アーミテージやスコウクロフトなど反ネオコンのグループが圧倒的に有利な立場を固めていることが分かるであろう。

二〇〇八年十一月に出されたこの「国家安全保障改革に関するプロジェクト」の提言は、「国家安全保障問題担当大統領補佐官が、国務省、国防総省や軍、情報機関など安全保障関連省庁の予算割当に対する権限を大幅に増大させるべきだ」としており、現在の大統領補佐官の権限と役割を大幅に強化することを提案している。

その背景には、現在の国家安全保障システムが一九四七年の国家安全保障法に基づいて、当時の冷戦時代の国際関係や戦略環境や脅威認識を元に基本設計がなされているため、現在の複雑な国際関係や脅威に対しては「うまく機能しなくなっている」という認識がある。

つまり、安全保障政策を遂行する上で、ゲーツ国防長官が主張するように「国務省や国際開発庁の予算を増やし」、「スマート・パワー」を行使するためにも、国家安全保障会議(NSC)の役割や機能の強化をはじめ、安全保障機構全体を大きく見直し、再編する必要があるという認識があるのだ。

冷戦という半世紀にわたる長い戦いを通じて制度疲労を起こしていたアメリカの国家安全保障の仕組みは、ブッシュ政権で戦われたアフガニスタンとイラクでの二つの戦争を通じて、決定的にその綻びが露呈した。ここで紹介した提言やゲーツ、ジョーンズ、ブレア、フローノイなどの新政権の顔ぶれを見ると、彼らはこのような新しい国家安全保障のシステムを作り直すという使命を帯びて、オバマ政権の要職に就くことになったと言えるのではないか。

スマート・パワーを使った、よりバランスの取れた外交・安全保障戦略が、オバマ政権の目指す路線であり、そうした路線を実現するためにも、大掛かりな安全保障機構の構造改革を計画しているようである。

オバマの現実主義外交

オバマ大統領は就任早々からブッシュ前政権の政策を撤回する方針を矢継ぎ早に発表した。二〇〇九年一月二十二日に出した大統領令では、キューバ・グアンタナモ米軍基地内の対テロ戦収容所を、一年以内に閉鎖することを命じた。ブッシュ前政権は、「敵性戦闘員」はこのグアンタナモ収容所で無期限に拘束できるとしてきたが、オバマ政権は「敵性戦闘員」という概念自体も捨て去ることを決定し、ブッシュ前政権の「対テロ戦争」との決別を明確に内外に示した。

また同年二月二十七日には、選挙公約として掲げていたイラクからの米軍撤退をどのように進めるかに関する、新しい対イラク戦略が発表された。オバマ大統領は、「新しい戦略はイラクとアメリカの両国民が共有することのできる明解かつ達成可能な目標に根差したものだ」と述べ、「安定した主権国家イラク」」、「テロリストを支援しない責任あるイラク政府」を目指すとした。そして「イラクが世界と新たな通商関係を結べるように手助けし、地域の平和と安定に寄与するために、イラクの政府や国民と協力関係を築く」と述べた。

オバマ大統領はまた、「反米分子や敵にくみする人々をイラクから完全に駆逐することは不可能」であり、「完璧を追い求めることで、実現可能な目標を台無しにするようなことはしない」と明言し、クールな現実主義的思考を披露した。ブッシュ前政権が「イラクの民主化」「中東再編」という非現実主義的な目標を掲げて失敗したのに対し、あくまで達成可能な控えめな目標を設定している。

さらに撤退のスケジュールについても、大統領選挙では「十六ヵ月以内の米戦闘部隊のイラク撤退実現」を公約として掲げていたにもかかわらず、軍の指導部との密接な協議の結果、撤退スケジュールを「十九ヵ月」に延長することを決定したと述べている。この辺りも現場の指揮官たちの意見を取り入れて柔軟に政策決定を行っている様子が見てとれる。

オバマ新政権が外交・安保政策の最重要課題として位置づけているのがアフガニスタンである。が、ここでもオバマ大統領は慎重に戦略を練る方針を選択している。元CIA分析官でブルッキングス研究所に所属するブルース・リーデルを議長に据えて、二ヵ月以上かけてじっくりと戦略見直しを行ったのである。ゲーツ国防長官は、ブッシュとオバマの違いについて「オバマ大統領は(ブッシュ前大統領より)おそらくより分析的だと思う。大統領は関係者すべての意見を聞くことを心がけている。自ら意見を表明しない部下に対しては大統領自ら質問をして必ず意見を述べさせている。ブッシュ前大統領の場合、わざわざそこまでしてさまざまな意見を集約しようとはしなかった」と述べている。

さまざまな意見を取り込んでじっくりと時間をかけて結論を下すのがオバマ大統領のスタイルのようである。

アフガニスタンに対する新戦略は、アフガニスタンのすべての近隣諸国を巻き込んだ地域的なアプローチになるといわれており、パキスタンやインドだけでなくロシアやイランにも協力を呼びかけている。アフガニスタンに対してもイラク同様、実現可能な現実的な目標を設定し、軍事一辺倒ではなく非軍事的なさまざまなツールを用いた「スマート・パワー戦略」が適用されることになるだろう。

アメリカはすでにアフガニスタンで駐留する部隊の補給物資、とりわけ燃料をロシアから購入することでロシアと合意したとも伝えられている。このようにロシアだけでなく、近隣諸国が米国主導のアフガン政策に関与することで利益を得る構造をつくることで、国際的な支援体制を作っていこうという戦略が読みとれる。この延長線上でオバマ政権はイランとの対話も模索し始めている。ブッシュ政権時代には決して見られなかった多角的な外交である。

こうしたオバマ政権の現実主義的政策を目の当たりにして、二〇〇九年三月十五日、チェイニー前副大統領がCNNの番組「ステート・オブ・ザ・ユニオン」に出演。テロ容疑者のグアンタナモ収容所への収容や、非人道的な手法を用いた尋問など、ブッシュ前政権がとった諸政策を弁護して、「こうしたプログラムは、われわれが貴重なインテリジェンスを収集する上で必要不可欠なものだった。こうして得たインテリジェンスのお陰で911テロ以降いくつもの対米テロの試みを失敗させてきたのだ」と述べた。そして「オバマ大統領はこうしたすべての諸政策を撤回するキャンペーンを行っているが、今そのような選択をしてしまうことで、再びあのようなテロ攻撃がアメリカ人に降りかかるリスクを上昇させてしまっている」とオバマ大統領を激しく批判した。

チェイニーはまた、「われわれは中東の真ん中に民主的に統治されるイラクをつくることに成功した。これは偉業だといっていい。実際にわれわれが目指したことが実現しているのだ」と述べて、ブッシュ前政権のイラク戦争や対テロ戦争は大成功だったのだと自画自賛した。

こうした発言からも明らかなように、チェイニーもネオコンも別に彼らのとった行動について反省をしているわけではない。オバマ政権が進める現実主義路線がいきづまったり、成功しなかった場合には、再び彼らが息を吹き返す可能性があることを忘れてはならない。

二〇〇九年二月十四日に、オバマ大統領の政治姿勢を示唆する興味深い記事が英国『テレグラフ』紙に掲載された。二〇〇一年九月十一日の米同時多発テロ事件の直後に、英国政府が強固な英米同盟の証としてブッシュ大統領（当時）に贈っていたウィンストン・チャーチル元英首相の胸像を、オバマ大統領が英国政府に返還することを決めたという記事である。ヤコブ・エプスタイン卿の手によるチャーチルのブロンズ像は、もともと英国政府が所有する美術収集品の一つであるが、911テロ後にブッシュ大統領に贈られ、大統領執務室の一角に飾られていた。英国政府はオバマ大統領に対して引き続きこのブロンズ像を執務室に飾ってはどうかと提案したものの、オバマ大統領は断ったという。

ブッシュ前政権の政策が次々に撤回されていく中で、ネオコンが英雄として崇めて止まなかったチャーチルのブロンズ像が、静かにオバマ大統領の執務室から撤去されたのである。オバマ大統領のネオコン路線との決別を象徴する出来事に思えてならない。

エピローグ

アメリカが妥協した安保協定

「一年前には、やがてこんな日が来るだろうなどと思うものは夢想家以外にいなかった。だがその夢が今日、現実のものになった」

イラクのマリキ首相は力強く語った。

「これこそわれわれが待ち望んできた日だ……主権が回復されたのだ」

二〇〇九年一月一日、バグダッドの共和国宮殿で開催された記念式典で、マリキ首相はこのように語り、一月一日を新生イラクが主権を回復した記念日として、国民の休日とすることを宣言した。

その前日までに、アメリカ政府の職員が、二〇〇三年以来占有し続けてきたその旧サダム・フセイン時代の宮殿から、すべての物資と人員の撤収を済ませていた。いまだにイラクの統治者の象徴として位置づけられているこの宮殿も、この日から正式にイラク政府の管理下に戻されたのである。

それまで米軍は国連安保理決議１５４３を法的な根拠としてイラクに駐留してきたが、約十四万人の米軍はこの日から、ワシントンとバグダッドの間で交わされた二国間の安全保障協定に基づいてイラク駐留を続けることになった。もはや米軍には好き勝手にイラク人を捕まえ拘束する権利はなく、米軍と契約する民間業者だけでなく、米兵も場合によってはイラクの法律で裁かれることになり、いかなる軍事作戦も両国の合同委員会の許可なしに行うことはできなくなった。

またこの協定の下、米軍は二〇〇九年六月までにイラクの都市から撤退して郊外の基地に移動し、二〇一一年までにはイラクから完全撤退することが定められた。

ブッシュ政権は、イラク政府と実に一年近くもかけてこの安保協定の内容について交渉を行った。が、交渉は難航を極め、「合意近し」の観測が幾度となく流れたものの、最後の最後までもつれにもつれた。争点は、米軍の駐留期間やイラクに駐留する米兵の刑事免責特権、それにイラク国内における米軍の軍事作戦に対する権限やイラク国内の米軍基地の使用権など多岐にわたった。

この交渉過程を見ていくと、アメリカ側が妥協に妥協を重ねたことが分かる。

ブッシュ政権は米軍の駐留期間、すなわち「米軍がいつ撤退するか」に関しては一貫して具体的な駐留期限を設けない方針をとっていたが、イラク側が無期限の駐留を認める協定には応じない構えを貫き通し、結局二〇一一年十二月三十一日までには「すべての米軍がイラクの領土から撤退する」ことを明記することを最終的に米側が受け入れた。

米兵の刑事免責特権についても、当初米側は米軍と契約する民間契約企業の社員に対しても免責特権を適用させるべきと要求していたが、これはイラク側が強硬に反対して米側が妥協。米国防総省はこれまで外国に駐留する米兵や米軍の契約者に対する法的権限は、外国に委ねないことを断固として主張してきたが、自分たちが苦労してつくった「民主国家イラク」の代表者たちに、これまでにない厳しい条件を突きつけられ妥協を強いられた。

もちろんシーア派の政治家たちは、イランというもう一つの後ろ盾を持っているために、アメリカに対して強い姿勢を維持できたのである。彼らの主張の中にはブッシュ政権の足元を見て、アメリカの従来の主張を逆手に取ったようなものまで見られた。

例えばあるシーア派の議員は、「イラク政府は米軍の積み荷を検査する権利を有するべきである。なぜなら米軍がわが国に大量破壊兵器を持ち込み、それを使ってわが国の近隣諸国に脅威を与える危険性があるからだ」と、明らかに米側を皮肉った発言をしていた。

ブッシュ政権が「民主国家」として称える現在のイラクは、実際にはアメリカをイランとの天秤にかけて、したたかに米側から妥協を引き出している。一方の米側は、これ以上の駐留経費の負担に財政的に耐えられず、兵力削減を進めたいのが本音だが、イラクにおけるイランとの勢力争いに屈するわけにもいかず、何とかイラクに踏みとどまろうと妥協を強いられながらも交渉の席にしがみついたように見えた。

二〇〇八年十二月中旬、ブッシュ大統領は任期で最後のイラク訪問を電撃的に行った。バグダッドでマリキ首相と共に記者会見をしていると、会見に参加していたイラク人記者がいきなり立ち上がり、「これが別れのキスだ、この犬野郎!」とブッシュに罵声を浴びせ、自分の靴を投げつけた。大統領は意外に俊敏に、すんでのところで避けていたが、その惨めな姿を映した映像は、瞬時に世界中を駆け巡った。

アメリカはいったい何のために戦い、何を得たのだろうか？

四度目の断交

二〇〇八年五月十七日に、アーミテージ元国務副長官にインタビューをしていたときのことだ。

「そういえば、チャラビに関する最新ニュースがあったぞ」

アーミテージはそう言ったかと思うと、「カズヨ！　カズヨ！」と大声で日本人のカトウ・カズヨさんを呼んだ。カトウさんは二〇〇七年十一月から「アソシエーツ」としてアーミテージ・インターナショナルに加わっている。

「今朝、パウエル長官に送ったニュースのコピーを持ってきてくれないか」

アーミテージは今でもパウエルと毎日のように連絡をとり合っているのか、と思うとほほえましかった。アーミテージはカトウさんが持ってきたコピーを受け取ると、「イラクの米軍と米大使館がチャラビとの関係を正式に切ったよ」と言ってそのコピーを私に見せた。

「バグダッドの米軍と大使館は、かつてペンタゴンのお気に入りだったイラクの政治家アフマド・チャラビとの関係を正式に断絶したことを明らかにした。アメリカが支持するマリキ首相とチャラビの関係が急速に悪化していることが原因と見られている。また米軍および情報機関は、チャラビがイラン革命防衛隊のエリート部隊〝クッズ部隊〟の隊長をつとめるカッセム・スレイマニ准将と緊密に連携していると主張している。この米政府の決定は、アメリカがチャラビとの同盟関係を断ち切るとした四度目の決定である」

そのコピーの記事にはそう書かれていた。四度目のチャラビとの断交。チャラビはこれまで何度も米政府の一部と喧嘩しては別の支持者を見つけ、スポンサーを渡り歩きながら生き残ってきた。イラク戦争後に米政府と関係を悪くしてからは、イラクのシーア派の宗教勢力や、過激な指導者ムクタダ・サドル、それにイランの革命防衛隊と、より反米勢力との関係を強化していった。

二〇〇八年の八月には、米軍がチャラビの副官を逮捕した、という報道も流れた。アリ・ファイサル・アルラミというシーア派サドル派のメンバーがバグダッド国際空港で米軍当局に逮捕されたが、この人物はチャラビが委員長をつとめる「正義と責任委員会」の役員をつとめていた。この「正義と責任委員会」は、政府機関での就職を希望する旧バース党メンバーの背景を調査する仕事をする機関であった。「このチャラビの副官は、イラン革命防衛隊やサドル派の民兵組織と関係が深く、最近米軍に対して行われた爆弾テロにもかかわった可能性がある」とこの記事は伝えている。

アメリカが信じたチャラビとは、いったい何だったのだろうか？

ブッシュが「信じた」戦争

私はこの本の取材のために複数の米政府高官にインタビューをしたが、その都度「このイラク戦争は、世界史的に見ても非常に大きな出来事ですよね」と切り出した。すると高官たちは一様に口を閉ざし、真剣な表情で頷いた。あたかも「そんな世界史的にも重要な政策決定にかかわったのにそんな意識は薄かった」ということを認めるかのように、しばし沈黙し、真剣な眼差しで頷くのだった。

アーミテージも同様に頷いた後、こう述べた。

「だからパウエル長官は戦前ブッシュ大統領に言ったんだよ。『イラクと戦争をするということの意味がわかりますか?』、『フセイン政権を倒すということは、イラクという国を所有することになるのですよ。その用意ができているのですか?』とね。大統領は『ああ、できている』と答えたらしいけど、結局、そのことの意味を本当には理解できていなかったのだろうな」

「なぜ理解できなかったのだと思いますか?　やはり大統領が経験不足だったためでしょうか?」

とさらに聞くと、元国務副長官は、

「うん、それもあると思うけど……、信仰、〝うまく行く〟と信じ込んでしまい、その信じる力が、現実を冷静に見る力より勝ってしまったのだと思う。われわれリアリストにとって、〝信じること〟は〝政策〟にはなり得ないのだけどね」

と述べたのが印象的だった。

しかし本書で詳述したように、われわれは米国ほどの超大国が戦争を行うといえば、国家安全保障機構のすべての能力を結集させ、あらゆるインテリジェンスを使い、綿密な計画を練ったうえでの判断だと考えがちである。しかし、どんなに優れた組織であろうとも、どれだけ資金を注ぎ込んだインテリジェンスであろうとも、それを運用するのは人間である。

その人間が愚かであれば、優れた組織も、高度なインテリジェンスも、緻密に練り上げられた計画も、まったく意味をなさない。

ブッシュ大統領が信じたヴィジョン、インテリジェンス、そして数々の政策は、チャラビのような戦争詐欺師が振りまいた幻想であり、カーブボールのようなペテン師がついた嘘であり、あらゆるレベルの政策当局者たちの個人的野心、嫉妬心や思い込み、組織同士の対抗意識などが生み出したヒューマンエラーの産物だったのである。

主な参考資料および取材・インタビュー先

プロローグ

■General Tommy Franks with Malcolm McConnell, *American Soldier*. (Regan Books, New York, 2004)

■リチャード・アーミテージとのインタビュー（二〇〇六年六月二十四日）

第一章　アフガン戦争とCIA

■ジェームズ・マン著、渡辺昭夫監訳『ウルカヌスの群像　ブッシュ政権とイラク戦争』（共同通信社、二〇〇四年）

■コリン・パウエル、ジョゼフ・E・パーシコ著、鈴木主税訳『マイ・アメリカン・ジャーニー』（角川書店、一九九五年）

■Craig Unger, *The Fall of the House of Bush, The Untold Story of How a Band of True Believers Seized the Executive Branch, Started the Iraq War, and Still Imperils America's Future*. (Scribner, New York, 2007)

■Melvin A. Goodman, *Failure of Intelligence, the Decline and Fall of the CIA*. (Rowman & Littlefield Publishers, Inc., Lanham, 2008)

■Craig Unger, *How Cheney took Control of Bush's Foreign Policy*, Salon, Nov. 9, 2007 http://www.salon.com/books/feature/2007/11/09/house_of_bush_3/print.html

■George Tenet with Bill Harlow, *At the Center of the Storm, The CIA During America's Time of Crisis*. (Harper

Perennial, New York, 2008)
■ Ronald Kessler, *The CIA At War, Inside The Secret Campaign Against Terror.* (St. Martin's Press, New York, 2004)
■ George Bush and Brent Scowcroft, *A World Transformed.* (Vintage Books, New York, 1998)
■ 拙著『アメリカはなぜヒトラーを必要としたのか』（草思社、二〇〇二年）
■ 拙稿「対テロ戦争とイラク戦争」、共著『新しい日本の安全保障を考える』の第三章（自由国民社、二〇〇四年）
■ Steve Coll, *Ghost Wars, The Secret History of the CIA, Afghanistan, and Bin Laden, from the Soviet Invasion to September 10, 2001.* (The Penguin Press, New York, 2004)
■ リチャード・クラーク著、楡井浩一訳『爆弾証言　すべての敵に向かって』（徳間書店、二〇〇四年）
■ ボブ・ウッドワード著、伏見威蕃訳『攻撃計画　ブッシュのイラク戦争』（日本経済新聞社、二〇〇四年）
■ PBS「FRONTLINE」（The Dark Side）によるゲーリー・シュローン（Gary C. Schroen）とのインタビュー（二〇〇六年一月二十日）
(http://www.pbs.org/wgbh/pages/frontline/darkside/interviews/schroen.html)
■ PBS「FRONTLINE」（The Dark Side）によるスティーブ・コル（Steve Coll）とのインタビュー（二〇〇六年一月十二日）
(http://www.pbs.org/wgbh/pages/frontline/darkside/interviews/coll.html)
■ Gary Berntsen and Ralph Pezzullo, *Jawbreaker, The Attack on Bin Laden and Al-Qaeda: A Personal Account by the CIA's Key Field Commander.* (Crown Publishers, New York, 2005)
■ ボブ・ウッドワード著、伏見威蕃訳『ブッシュのホワイトハウス　上』（日本経済新聞出版社、二〇〇七年）

■ Seymour M. Hersh, *The Syrian Bet Did the Bush Administration burn a useful source on Al Qaeda?*, The New Yorker, July 28, 2003
■ James Risen and Tim Weiner, *Collaboration, CIA Is Said to Have Sought Help From Syria*, The New York Times, October 30, 2001
■ Richard N. Haass, *Defining U.S. Foreign Policy in a Post-Post-Cold War World*, 2002（FOREIGN POLICY ASSOCIATION HPより）
■ ローレンス・ウィルカーソンとのインタビュー（二〇〇八年五月十二日）

第二章　ネオコンの逆襲

■ Russ Hoyle, *Going to War, How Misinformation, Disinformation, and Arrogance led America into Iraq*. (Thomas Dunne Books, St. Martin's Press, New York, 2008)
■ ロン・サスキンド著、武井楊一訳『忠誠の代償　ホワイトハウスの嘘と裏切り』（日本経済新聞社、二〇〇四年）
■ 拙著『日本人が知らない「ホワイトハウスの内戦」』（ビジネス社、二〇〇三年）
■ Stefan Halper and Jonathan Clarke, *America Alone, The Neo-Conservatives and the Global Order*. (Cambridge University Press, New York, 2004)
■ ケネス・ワインスタインとのインタビュー（二〇〇三年二月六日）
■ Jeffrey Goldberg, *A Little Learning, What Douglas Feith knew, and when he knew it*, The New Yorker, May 9, 2005
■ Alan Weisman, *Prince of Darkness: Richard Perle, The Kingdom, the Power & the end of empire in America*.

(Union Square Press, New York/London, 2007)

■ジョージ・パッカー著、豊田英子訳『イラク戦争のアメリカ』（みすず書房、二〇〇八年）

■Bill Keller, *The Sunshine Warrior*, The New York Times, September 22, 2002

■Alain Frachon and Daniel Vernet, *The Strategist And The Philosopher*, Le Monde, April 15, 2003 http://www.lemonde.fr/article/0,5987,3230--316921-,00.html

■Michael Dobbs, *For Wolfowitz, a Vision May Be Realized, Deputy Defense Secretary's Views on Free Iraq Considered Radical in Ways Good and Bad*, The Washington Post, April 7, 2003

■Shelemyahu Zacks, *Jacob Wolfowitz, March 19, 1910-July 16, 1981*, BIOGRAPHICAL MEMOIRS National Academy of Sciences http://books.nap.edu/html/biomems/jwolfowitz.html

■マン、『ウルカヌスの群像』

■アレックス・アベラ著、牧野洋訳『ランド　世界を支配した研究所』（文藝春秋、二〇〇八年）

■Jackson, Henry M. "Scoop" (1912-1983) http://www.historylink.org/

■Alex Fryer, *Scoop Jackson's protégés shaping Bush's foreign policy*, The Seattle Times, January 12, 2004

■Roger Morris, *The Road the U.S. traveled to Baghdad was paved by 'Scoop' Jackson*, Seattle Post-Intelligencer, April 6, 2003

■マイケル・レディーンとのインタビュー（二〇〇三年一月七日）

■Joseph J. Trento, *Prelude to Terror, the Rogue CIA and the Legacy of America's Private Intelligence Network*. (Carroll & Graf Publishers, New York, 2005)

■Jane Mayer, *The Manipulator, Ahmad Chalabi pushed a tainted case for war. Can he survive the *occupation?*, The New Yorker, June 7, 2004

- Fred Kaplan, *Egomania, INC, Ahmad Chalabi is loyal to just one cause: his own ambition*, Slate, March 8, 2004 http://www.slate.com/id/2096813/
- Aram Roston, *The Man who Pushed America to War: The Extraordinary Life, Adventures, and Obsessions of Ahmad Chalabi*. (Nation Books, New York, 2008)
- Bush and Scowcroft, *A World Transformed*
- ダニエル・プレトカとのインタビュー（二〇〇三年二月六日）
- 匿名の元米国務省高官とのインタビュー（二〇〇八年五月十四日）
- David Wurmser, *Tyranny's Ally: America's Failure to Defeat Saddam Hussein*. (American Enterprise Institute Press, Washington D.C., 1999)
- デヴィッド・ワームザーとのインタビュー（二〇〇八年五月十五日）

第三章　イラク戦争の情報操作

- Weisman, *Prince of Darkness*
- Hoyle, *Going to War*
- ウィリアム・クリストルとのインタビュー（二〇〇二年十月七日）
- Michael Isikoff and David Corn, *Hubris, The Inside Story of Spin, Scandal, and the Selling of the Iraq War*. (Crown Publishers, New York, 2006)
- ローリー・ミルロイ著、早良哲夫訳『サダム・フセインとアメリカの戦争』（講談社、二〇〇二年）

■PBS「FRONTLINE」（The Dark Side）によるリチャード・クラーク（Richard Clark）とのインタビュー（二〇〇六年一月二十三日）
（http://www.pbs.org/wgbh/pages/frontline/darkside/interviews/clarke.html）

■リチャード・アーミテージとのインタビュー（二〇〇六年六月二十四日）

■サスキンド、『忠誠の代償』

■ウッドワード、『攻撃計画』

■Tim Shorrock, *Spies For Hire, The Secret World of Intelligence Outsourcing.* (Simon & Schuster, New York, 2008)

■Douglas J. Feith, *War and Decision, Inside the Pentagon at the Dawn of the War on Terrorism.* (Harper, New York, 2008)

■PBS「FRONTLINE」（The Dark Side）によるマイケル・マルーフ（Michael Maloof）とのインタビュー（二〇〇六年一月十日）
（http://www.pbs.org/wgbh/pages/frontline/darkside/interviews/maloof.html）

■PBS「FRONTLINE」（Truth, War and Consequences）によるリチャード・パール（Richard Perle）とのインタビュー（二〇〇三年七月十日）
（http://www.pbs.org/wgbh/pages/frontline/shows/truth/interviews/perle.html）

■Paul R. Pillar, *Intelligence, Policy, and the War in Iraq*, Foreign Affairs, March/April 2006

■デヴィッド・ワームザーとのインタビュー（二〇〇八年五月十五日）

■Tenet and Harlow, *At the Center of the Storm*

■セイモア・ハーシュ著、伏見威蕃訳『アメリカの秘密戦争　9・11からアブグレイブへの道』（日本経済新聞社、二〇〇四年）
■Roston, *The Man who Pushed America to War*
■リチャード・アーミテージとのインタビュー（二〇〇八年五月十六日）
■Jim Hoagland, *What About Iraq?*, The Washington Post, October 12, 2001
■PBS「FRONTLINE」（Gunning For Saddam）によるサバ・ホダダ（Sabah Khodada）とのインタビュー（二〇〇一年十月十四日）（http://www.pbs.org/wgbh/pages/frontline/shows/gunning/interviews/khodada.html）
■拙著『外注される戦争　民間軍事会社の正体』（草思社、二〇〇七年）
■Barton Gellman and Walter Pincus, *Depiction of Threat Outgrew Supporting Evidence*, The Washington Post, August 10, 2003
■Michael R. Gordon and Judith Miller, *U.S. Says Hussein Intensifies Quest for A-Bomb Parts*, The New York Times, September 8, 2002

第四章　国連演説に仕込まれたウソ情報

■ケネス・ワインスタインとのインタビュー（二〇〇四年六月十七日）
■拙著『日本人が知らない「ホワイトハウスの内戦」』
■匿名の元CIA工作管理官とのインタビュー（二〇〇五年十一月十一日）
■ローレンス・ウィルカーソンとのインタビュー（二〇〇八年五月十二日）

- ポール・ピラーとのインタビュー（二〇〇八年五月十三日）
- Goodman, *Failure of Intelligence*
- ウッドワード、『攻撃計画』
- Richard A. Best Jr., *Intelligence Estimates: How Useful to Congress?*, CRS Report for Congress, RL33733, December 14, 2007
- United States Senate, Select Committee on Intelligence, *Report on the U.S. Intelligence Community's Prewar Intelligence Assessments on Iraq*, Released on July 7, 2004
- PBS「FRONTLINE」（The Dark Side）によるカール・フォード（Carl Ford）とのインタビュー（二〇〇六年一月十日）
(http://www.pbs.org/wgbh/pages/frontline/darkside/interviews/ford.html)
- Isikoff and Corn, *Hubris*
- Tyler Drumheller and Elaine Monaghan, *On the Brink, An Insider's Account of How the White House Compromised American Intelligence*. (A Philip Turner Book, Carroll & Graf Publishers, New York, 2006)
- スティーヴン・グレイ著、平賀秀明訳『CIA秘密飛行便　テロ容疑者移送工作の全貌』（朝日新聞社、二〇〇七年）
- PBS「FRONTLINE」（The Dark Side）によるマイケル・ショワー（Michael Scheuer）とのインタビュー（二〇〇六年一月十一日）
(http://www.pbs.org/wgbh/pages/frontline/darkside/interviews/scheuer.html)
- Carlo Bonini and Giuseppe D'Avanzo, translated by James Marcus, *Collusion, International Espionage and*

the War on Terror. (Melville House Publishing, Hoboken, New Jersey, 2007)

- Secretary Colin L. Powell, *Remarks to the United Nations Security Council*, New York City, February 5, 2003
- ボブ・ドローギン著、田村源二訳『カーブボール　スパイと、嘘と、戦争を起こしたペテン師』（産経新聞出版、二〇〇八年）
- Erich Follath, John Goetz, Marcel Rosenbach and Holger Stark, *THE REAL STORY OF 'CURVEBALL', How German Intelligence Helped Justify the US Invasion of Iraq*, SPIEGEL ONLINE, March 22, 2008
- ブルース・ジャクソンとのインタビュー（二〇〇三年二月五日）

第五章　イラク戦後政策

- James Fallows, *Blind Into Baghdad*, The Atlantic Online, January/February 2004 http://www.theatlantic.com/doc/print/200401/fallows
- David Rieff, *Blueprint for a Mess*, The New York Times Magazine, November 2, 2003
- パッカー、『イラク戦争のアメリカ』
- Joseph J. Collins, *Choosing War: The Decision to Invade Iraq and Its Aftermath*, Occasional Paper, Institute for National Strategic Studies, National Defense University, April 2008
- ウッドワード、『ブッシュのホワイトハウス　上』
- ウッドワード、『攻撃計画』
- Dale R. Herspring, *Rumsfeld's Wars, The Arrogance of Power*. (University Press of Kansas, Kansas, 2008)

■ David L. Phillips, *Losing Iraq, Inside the Postwar Reconstruction Fiasco*. (Westview Press, 2005)

■ 「ネオコン『近視眼戦略』の罪状」(『選択』二〇〇三年十一月号)

■ 匿名の米国務省職員とのインタビュー(二〇〇四年二月九日)

■ アンソニー・ジニとのインタビュー(二〇〇八年五月十五日)

■ Goldberg, *A Little Learning*

■ Feith, *War and Decision*

■ 匿名の元国国務省高官とのインタビュー(二〇〇八年五月十四日)

■ Roston, *The Man who Pushed America to War*

■ ローレンス・ウィルカーソンとのインタビュー(二〇〇八年五月十二日)

第六章　占領統治の壊滅的な失敗

■ Phillips, *Losing Iraq*

■ Herspring, *Rumsfeld's Wars*

■ Michael R. Gordon and General Bernard E. Trainor, *Cobra II, The Inside Story of the Invasion and Occupation of Iraq*. (Pantheon Books, New York, 2006)

■ L. Paul Bremer III with Malcolm McConnell, *My Year in Iraq, the Struggle to Build a Future of Hope*. (Simon & Schuster, New York, 2006)

■ Roston, *The Man who Pushed America to War*

■ ジェレミー・シャープとのインタビュー(二〇〇四年二月八日)

■ Stuart W. Bowen Jr., *Hard Lessons: The Iraq Reconstruction Experience*, (SIGIR, February 2, 2009)

■ Rieff, *Blueprint for a Mess*

■ マイケル・ルービンとのインタビュー（二〇〇四年十一月七日）

■ 拙稿「ブッシュ政権内の政策闘争―マイケル・ルービン・インタビューから」（中東研ニューズリポート、二〇〇四年十一月十六日）

■ パッカー、『イラク戦争のアメリカ』

■ Ahmad Chalabi, *Iraqis Must Rule Iraq*, The Wall Street Journal, February 19, 2003

■ ローレンス・ウィルカーソンとのインタビュー（二〇〇八年五月十二日）

■ リチャード・アーミテージとのインタビュー（二〇〇八年五月十六日）

第七章　ワシントンで発生した「内戦」

■ Michael Hirsh, Michael Isikoff and John Bary, *The Rise and Fall of Chalabi: Bush's Mr. Wrong*, Newsweek, Apr 5, 2004

■ Bremer III, *My Year in Iraq*

■ Ron Kampeas, *Spy arrest fuels speculation*, jta, April 24, 2008 http://jta.org/news/article/2008/04/28/108238/whykadishnow 20080424

■ Weisman, *Prince of Darkness*

■ Kenneth R. Timmerman, *Shadow Warriors, The Untold Story of Traitors, Saboteurs, and the Party of Surrender*.（Crown Forum, New York, 2007）

■Rowan Scarborough, *Sabotage, America's Enemies Within the CIA.* (Regnery Publishing, Inc., Washington D.C., 2007)
■Laurie Mylroie, *Bush VS. the Beltway, How the CIA and the State Department Tried to Stop the War on Terror.* (Regan Books, New York, 2003)
■リチャード・アーミテージとのインタビュー（二〇〇八年五月十六日）
■Isikoff and Corn, *Hubris*
■Bowen Jr., *Hard Lessons*
■*The CIA's Insurgency, The agency's political disinformation campaign,* The Wall Street Journal, September 29, 2004
■Robert D. Novak, *CIA: 'Dysfunctional' and 'rogue',* Salem Web Network, November 18, 2004
■Roston, *The Man who Pushed America to War*
■ジェレミー・シャープとのインタビュー（二〇〇四年二月八日）
■拙稿「イラク主権移譲をめぐる権力闘争」（中東研ニューズリポート、二〇〇四年四月二十二日）
■Melik Kaylan, *Ahmed Chalabi, Survivor,* The Wall Street Journal, July 7, 2007

第八章　ペンタゴンの「レジーム・チェンジ」

■Murray Waas, *The United States v. I. Lewis Libby.* (Union Square Press, New York, 2007)
■Timmerman, *Shadow Warriors*
■Walter Shapiro, *Porter Goss' spooky demise, Bush's CIA chief abruptly resigns under a shadow of alleged*

ties to a corrupt congressman and leaves a spy agency in chaos, Salon May 6, 2006 http://www.salon.com/news/feature/2006/05/06/goss/print.html
- スコット・マクレラン著、水野孝昭監訳『偽りのホワイトハウス』（朝日新聞出版、二〇〇八年）
- 匿名の元チェイニー副大統領室高官とのインタビュー（二〇〇八年五月十四日）
- リチャード・アーミテージとのインタビュー（二〇〇八年五月十六日）
- Walter Pincus, *Kappes Is Expected to Boost CIA Morale, As Deputy Director, Famed Operative Will Work to Reestablish Spy Network*, The Washington Post, June 19, 2006
- Fred Kaplan, *The Professional*, The New York Times Magazine, February 10, 2008
- ケネス・カッツマンとのインタビュー（二〇〇八年五月十四日）
- 拙稿「対イラン包囲網の再編成へ　ブッシュ政権の危険な賭け」（『正論』二〇〇七年四月号）
- トリタ・パーシーとのインタビュー（二〇〇八年五月十四日）
- 拙稿「『一極覇権』終焉のあとに訪れるもの　米新大統領が背負うブッシュ政権八年の〝遺産〟」（『正論』二〇〇八年十二月号）

第九章　オバマ新政権の行方

- Kaplan, *The Professional*
- Gareth Porter, *Obama Pressured to Back Off Iraq Withdrawal*, IPS News, November 12, 2008
- Pamela Hess, *Obama to Finalize National Security Team*, Time, January 9, 2009
- Yochi J. Dreazen and Neil King Jr., *Gates to Remain as Defense Secretary Under Obama, Gen. Jones*

Tapped as National Security Adviser, The Wall Street Journal, November 25, 2008

- Daniel Dombey, *Obama picks Ross as Mideast envoy*, Financial Times, January 8, 2009
- Thom Shanker, *James L. Jones*, The New York Times, November 10, 2008
- Yochi J. Dreazen, *Obama Dips into Think Tank for Talent*, The Wall Street Journal, November 16, 2008
- Eli Lake, *New Chief helped craft NSC reforms*, The Washington Times, January 15, 2009
- Robert M. Gates, *A Balanced Strategy, Reprogramming the Pentagon for a New Age*, Foreign Affairs, January/February 2009
- Edward H. Crane, *Is Hillary Clinton a Neocon?*, Financial Times, July 11, 2007
- Project on National Security Reform, *Forging a New Shield*, November 2008
- Trita Parsi, *Israel, Gaza and Iran: Trapping Obama in Imagined Fault Lines*, The Huffington Post, January 13, 2009
- 拙稿「脱『軍事一辺倒』集団の素顔」(『日経ビジネスオンライン』、二〇〇九年一月二十六日)
- 拙稿「イラン攻撃、早くも訪れる最大の危機」(『日経ビジネスオンライン』、二〇〇九年一月二十七日)
- Secretary Gates Interview on Meet The Press with David Gergory, March 01, 2009 http://www.defenselink.mil/transcripts/transcript.aspx?transcriptid=4363
- Tim Shipman, Barack Obama sends of Winston Churchill on its way back to Britain, Telegraph, February 14, 2009

エピローグ

■ Nancy A. Youssef, Leila Fadel and Warren P. Strobel, *U.S. Again Cut Ties With Iraq's Chalabi*, The Miami Herald, May 16, 2008

■ Erics Schmitt and Mark Mazzetti, *Secret Order Lets U.S. Raid Al Qaeda*, The New York Times, November 10, 2008

■ リチャード・アーミテージとのインタビュー（二〇〇八年五月十六日）

菅原出（すがわら・いずる）
1969（昭和44）年、東京都生まれ。中央大学法学部政治学科卒。1993年よりオランダ留学。1997年アムステルダム大学政治社会学部国際関係学科卒。国際関係学修士。在蘭日系企業勤務、フリーのジャーナリスト、東京財団リサーチフェローを経て現在は国際政治アナリスト。米国を中心とする外交、安全保障、インテリジェンス研究が専門で、著書に『アメリカはなぜヒトラーを必要としたのか』（2002年、草思社）、『日本人が知らない「ホワイトハウスの内戦」』（2003年、ビジネス社）、『外注される戦争　民間軍事会社の正体』（2007年、草思社）等がある。

戦争詐欺師

2009年４月９日　第１刷発行

国務省・ＣＩＡvs. ネオコン相関図の写真：時事通信社
カバーの袖の著者近影：森　清

著者――菅原　出

発行者――鈴木　哲　**発行所**――株式会社講談社
東京都文京区音羽2-12-21　郵便番号112-8001
☎ 東京 03-5395-3522（出版部）
03-5395-3622（販売部）
03-5395-3615（業務部）

印刷所――慶昌堂印刷株式会社　**製本所**――島田製本株式会社

定価はカバーに表示してあります。

ISBN978-4-06-215342-3　N.D.C.916　304p　20cm

カザフスタン
ウズベキスタン
キルギス
トルクメニスタン
中華人民共和国
ドゥシャンベ
タジキスタン
カブール
アフガニスタン
イスラマバード
カシミール
イラン
パキスタン
ニューデリー
カラチ
インド
オマーン
ムンバイ
アラビア海
チェンナイ